Hansjakob Baumgartner
Sandra Gloor
Jean-Marc Weber
Peter A. Dettling

DER WOLF

2. Auflage

⋮ Haupt
NATUR

Hansjakob Baumgartner
Sandra Gloor
Jean-Marc Weber
Peter A. Dettling

DER WOLF

Ein Raubtier in unserer Nähe

2., aktualisierte Auflage

Haupt Verlag
Bern • Stuttgart • Wien

Zu Autorin und Autoren:

Hansjakob Baumgartner, Zoologe, arbeitet als freier Journalist in Bern. Er ist Autor des 2007 im Haupt Verlag erschienenen Buches «Biber, Wolf und Wachtelkönig, 23 Wildtiere des Smaragd-Programmes».

Sandra Gloor, Dr. sc. nat., arbeitet bei der Arbeitsgemeinschaft swild mit den Schwerpunkten Siedlungsökologie, Wildtierforschung, Konzeption, Tierschutz, Zootierhaltung und Kommunikation. Sie ist Koautorin des Buches «Stadtfüchse, Ein Wildtier erobert den Siedlungsraum», das 2006 im Haupt Verlag erschien.

Jean-Marc Weber, Dr. sc. nat., ist Biologe und beschäftigt sich seit dreißig Jahren vornehmlich mit Raubtieren. Er ist Mitglied der IUCN/SSC Canid Specialist Group. Seit 1999 überwacht er im Auftrag des Schweizer Bundesamtes für Umwelt (BAFU) die Geschehnisse in Sachen Wolf.

Peter A. Dettling, Bildautor, in Sedrun, Graubünden, geboren, lebt und arbeitet als Fotograf heute vor allem in Kanada. Seine Arbeiten sind in Kanada und in Europa mehrfach ausgezeichnet worden. Mehr Informationen unter www.TerraMagica.ca

Die Herausgabe der 1. Auflage wurde durch Beiträge folgender Institutionen unterstützt:
–   Zürcher Tierschutz. Autorin, Autoren und Verlag danken dem Zürcher Tierschutz für die großzügige Unterstützung, durch welche die Publikation ermöglicht wurde.
–   WWF, Schweiz
–   Bundesamt für Umwelt (BAFU)
–   Bernd-Thies-Stiftung
–   Temperatio Stiftung
–   Aargauischer Tierschutzverein
–   Tierschutzbund Zürich

Gestaltung und Satz: pooldesign.ch
2. Auflage: 2011
1. Auflage: 2008

Bibliografische Information der Deutschen Nationalbibliothek

Die Deutsche Nationalbibliothek verzeichnet diese Publikation in der Deutschen Nationalbibliografie; detaillierte bibliografische Daten sind im Internet über http://dnb.d-nb.de abrufbar.

ISBN 978-3-258-07662-1

www.haupt.ch

Inhalt

Vorwort   7

Ein Wort zur Wolfsfotografie   8

Wald, Wild, Wolf   11

Rückeroberung   31

Rudel und Revier   47

Wolfshunger   67

Schafe   87

Vom Umgang mit Wölfen in Europa   107

Von Menschen und Wölfen   135

Blickwinkel – Interviews mit Beteiligten   155

Freizeitdestination Wolf: Wölfe in Zoos, Wölfe als Reiseziel   197

Anhang   215

Vorwort

Der Wolf lässt niemanden kalt. Während die einen ihn verehren und mystisch überzeichnen, so hassen ihn die andern. Sein Image ist geprägt von Bildern aus dem Mittelalter, von den Märchen der Gebrüder Grimm, aber auch von bildgewaltigen Filmdokumentationen mit herzigen Wölflein aus Amerika. Und in diesen Widerstreit der Vorstellungen kehrt er zurück nach Mitteleuropa, der echte Wolf. Ein langbeiniger, struppiger Gesell, mit großem Kopf, starkem Gebiss und gelben Augen, unstet und kaum beobachtbar, ein effizienter Jäger bei Nacht und Nebel, und immer wieder auch eine Gefahr für sorglose Schafe. Dasselbe Tier, etwas anders betrachtet, ist eine einheimische Wildart, die an der Spitze der Nahrungspyramide die Seinswelt in den hiesigen Wäldern und Bergen seit Jahrtausenden beeinflusst. Der Hirsch ist nur deshalb so schnell auf den Läufen, weil der Wolf ihn jagt. Die Affinität des Steinbocks zu den Felsen ist so ausgeprägt, weil es den Wolf gibt. Und auch die wachen Sinne im schönen Gämsgesicht – die lang gezogenen Nase, die großen, seitlich hervorstehenden Augen, die beweglichen Ohren – wurden durch den Wolf geformt. Wolf, Hirsch, Steinbock, Gämse, Wald und Wildnis gehören zusammen. Und der Mensch darf dies nicht trennen, auch nicht in der heutigen Kulturlandschaft.

Um die Sicht auf den Wolf zu klären, hilft Wissen. Das vorliegende Buch bietet hierzu Hilfe an. Es klärt auf, mit Fakten, wahren Geschichten und klaren Worten. Es präsentiert das theoretische Wissen und die Lehren aus Erfahrungen nebeneinander. Und das Buch lässt unterschiedliche Menschen aus verschiedenen Welten zu Wort kommen. Das Resultat ist eine spannend zu lesende Natur- und Kulturgeschichte des Wolfs. Besonders wohltuend ist, dass bis zur letzten Seite keine Dogmen auftauchen, nicht einmal zwischen den Zeilen. Dem Buch sei deshalb eine weite Verbreitung gegönnt, in der Stadt, auf dem Land und am Berg.

In jüngster Zeit war der Wolf einmal mehr das Thema von Debatten im Schweizer Parlament. Die Regeln des Umgangs mit ihm sollen neu definiert werden. Sie verzeihen mir deshalb, liebe Leserinnen und Leser, dass ich mir am Ende dieser kurzen geleitenden Worte zum vorliegenden Buch erlaube, eine persönliche Vision zu äußern. Ich wünsche mir, dass die ländliche Bevölkerung auch in jenen Ländern, die lange Jahre ohne Wölfe waren, der Rückkehr des Wolfs eine echte Chance gibt. Und ich wünsche mir gleichzeitig, dass die städtische Bevölkerung einsieht, dass der Wolf diese Chance in der heutigen Zeit nur bekommen kann, wenn der Totalschutz gelockert wird und die Behörden die Betroffenen in Wolfsregionen nicht in ihrer Ohnmacht sitzen lassen müssen.

März, 2011   Reinhard Schnidrig
                       Eidgenössischer Jagd- und Fischereiinspektor

Ein Wort zur Wolfsfotografie

Das erste Mal, dass ich einen Wolf in freier Wildbahn beobachten konnte, war am 3. September 2000 im Banff National Park in den kanadischen Rocky Mountains. Zusammen mit drei Freunden war ich bei strömendem Regen mit dem Auto auf dem Weg nach Lake Louise, um von dort eine Zweitagestour ins Hinterland zu unternehmen. Der Wolf war gerade dabei, einen vom Verkehr getöteten Hirsch vom Straßenrand wegzuschleppen. Wir hielten nicht weit vom ihm entfernt an. Mit großen Augen beobachteten wir das seltene Ereignis.

Ich versuchte ein Foto zu machen, aber just in diesem Moment versagte meine Kamera. Ich hätte um das Auto zum Kofferraum eilen können, um nach der Ersatzkamera zu greifen. Dabei wäre der Wolf wahrscheinlich geflüchtet. Stattdessen entschied ich mich, den Moment einfach zu genießen, und beobachtete den klatschnassen, hungrigen Wolf durch den Feldstecher.

Erst Mitte Mai 2004 gelang mir endlich mein erstes Bild von einem frei lebenden Wolf. Dieser lang gehegte Traum ging für mich im kanadischen Jasper Nationalpark in Erfüllung.

Einen Wolf in freier Wildbahn zu beobachten ist schon schwierig genug, geschweige denn, einen Wolf zu fotografieren. Die meisten Bilder, die in Kalendern oder Büchern zu sehen sind, stammen denn auch von Gehegewölfen. Als ich dies erfuhr, war ich ungemein enttäuscht. Tatsächlich gibt es Leute, die wilde Tiere wie Wölfe, Pumas oder sogar Tiger in kleinen Käfigen auf ihren Grundstücken halten. Die Tiere haben nur selten Auslauf. Und wenn sie einmal aus dem Käfig kommen, dann meistens, um für Fotografen oder Filmer zu posieren. Der Tiertrainer stellt dann die Hauptakteure auf einen Stein, lässt sie auf Kommando über einen kleinen Bach springen oder in die Kamera fauchen, um eine möglichst «reale» Szene zu kreieren.

Man mag – nicht ganz zu Unrecht – einwenden, dies sei die einzige Möglichkeit, derart scheue Tiere zu fotografieren, ohne sie in ihrem natürlichen Lebensraum unnötig zu stören. Meiner Meinung nach berechtigt dies jedoch nicht dazu, Beutegreifer wie Wolf oder Tiger einen Großteil ihres Lebens in kleinen Käfigen zu halten. Wenn schon Bilder von gefangenen Tieren, dann von solchen, die so artgerecht wie möglich gehalten werden. Mehr zu diesem Thema finden Sie auf den Seiten 193 ff. in diesem Buch.

Als ich angefragt wurde, dieses Buchprojekt zu bebildern, war mein erster Gedanke, dafür ausschließlich Fotos von frei lebenden Wölfen zu verwenden. Bald wurde mir jedoch klar, dass dies nicht möglich ist. Die Wölfe in den Alpen sind extrem scheu und – zu Recht – äußerst misstrauisch. Qualitativ hochwertige Fotos von wild lebenden Wölfen im Alpenraum sind zurzeit fast unmöglich zu erhalten. In diesem Buch finden sich deshalb auch Bilder von europäischen Gehegewölfen. Ein guter Teil davon entstand in zwei Groß-gehegen, die meiner Meinung nach den Tieren ein artgerechtes Leben ermöglichen. Das eine befindet sich im Nationalpark Bayerischer Wald, das andere im Parco Faunistico del Monte Amiata in der Toskana. Die Wölfe haben viel Platz und können sich zurückziehen. Gestellte Fotos sind hier nicht möglich. An beiden Orten musste ich mehr als eine Stunde auf meinem Posten ausharren, bis ich auch nur einen einzigen Wolf zu Gesicht bekam.

Mein Ziel war es, ein möglichst reales Bild vom Wolf zu zeigen – und nicht die allzu oft benutzten Bilder von einem aggressiven, zähnefletschenden Tier. Solche Szenen sind in der freien Wildbahn sehr selten zu beobachten.

Die Fotos, die das natürliche Verhalten der Wölfe zeigen sollen, wie zum Beispiel Jagd-, Markier- oder Sozialverhalten, stammen von frei lebenden Wölfen aus Nordamerika. Und zu guter Letzt habe ich auch meine Fotos vom Surselva-Wolf integriert. Es sind einige der ersten Bilder von einem wilden Wolf auf Schweizer Boden, die nicht von einer Kamerafalle ausgelöst wurden. Insgesamt stammt also die Hälfte meiner Wolfsbilder in diesem Buch von frei lebenden, nicht trainierten oder angelockten Wölfen.

Ich hoffe, dass die Bilder dem unglaublich harten, komplexen und faszi-nierenden Leben der Wölfe gerecht werden. Denn eines ist mir durch meine Arbeit klar geworden: Nicht nur sind Wölfe uns Menschen in vielen Belangen ähnlich; sie erinnern uns auch an unsere gemeinsame Vergangenheit. Und sie sind ein hervorragender Gradmesser für unsere Beziehung zur Natur. Falls wir es schaffen, einen dicht besiedelten Raum wie die Alpen und Mitteleuropa mit den Wölfen zu teilen, wäre dies eine großartige Erfolgsge-schichte, in der sonst so arg gebeutelten Beziehung zwischen Mensch und Natur.

Peter A. Dettling

Mitte des 19. Jahrhunderts hatte der Wolf in den Alpen und weiten Teilen West- und Zentraleuropas keine Überlebenschancen mehr.

Wald, Wild, Wolf

1 Die Alpen sind das einzige Hochgebirge und der größte zusammenhängende Naturraum Mitteleuropas. Anders als vor 150 Jahren gibt es hier wieder Lebensraum für Großraubtiere.

2 «Wie der Wolff mit der Enten auf die Scheiben gebracht und in der Grube gefangen wird.» *Kupferstich von Martin Elias Ridinger (1730–1780), Blatt aus der Folge der Fangarten der wilden Tiere (Originaltitel: Wie alles Hoch- und Niedere Wild, samt dem Feder Wildpraeth auf verschidene weise mit Vernunfft List und Gewalt lebendig oder tod gefangen wird. Augsburg, 1750).*

Das Zeitalter der Aufklärung hatte das Nützlichkeitsdenken zum alles bestimmenden Prinzip erhoben. Jetzt erst machte der Mensch sich die Erde untertan. Für Lebewesen, die ihm dabei im Wege standen, gab es keine Existenzberechtigung.

Zwar hatte der Mensch den Wolf schon immer bekämpft, seit er sein Dasein als Jäger und Sammler aufgegeben hatte, sesshaft geworden war und Nutztiere zu halten begann. Der Hass ist auch nachvollziehbar, vergegenwärtigt man sich die existenzielle Bedrohung, die der Verlust von ein paar Schafen für eine Bauernfamilie bedeuten konnte. Und schon Karl der Große hatte den Kampf gegen den Wolf quasi zur Staatsaufgabe erhoben, als er im Jahr 813 seine Grafen anwies, professionelle Wolfsjäger im Beamtenstatus einzustellen.

1

Doch im Zeitalter der Aufklärung legte man noch einen Zacken zu – ideologisch und technisch. Der Naturwissenschaftler Friedrich von Tschudi, Autor des 1853 erschienenen Standardwerks «Das Thierleben der Alpenwelt», rechtfertigte, dass der Mensch die «entschiedensten Feinde seiner Person und Kulturbestrebungen» liquidierte. In vielen Gebieten der Alpen hatte jedermann das Recht, oft sogar die Pflicht, Wölfe zu erlegen. Abschussprämien lockten, die für manchen Bergbewohner ein halbes Vermögen bedeuteten.

Im frühen 19. Jahrhundert kamen zudem Gewehre auf, die auch bei Regenwetter funktionierten und auf hundert Meter Distanz trafen – fünfmal weiter als die älteren Modelle. Treibjagden wurden damit wesentlich erfolgreicher. Die Entwicklung zuverlässigerer Schlagfallen und die Verbreitung von Strychnin gaben den Wölfen den Rest.

In der Schweiz erloschen die letzten Vorkommen im Wallis, im Tessin und im Jura in der zweiten Hälfte des 19. Jahrhunderts. In Deutschland war der Wolf Mitte des 19. Jahrhunderts in den meisten Regionen ausgerottet. Am längsten hielt sich die Art im Westen des Landes. In Lothringen wurden noch 1871/1872 500 Wölfe zur Strecke gebracht. Das – vorläufig – letzte auf deutschem Boden erlegte Tier fiel 1904 in Sachsen.

2

Wie der Wolff mit der Enten auf die Scheiben gebracht und in der Grube gefangen wird.

Der Raubbau an den Wäldern

Die Intensivierung des Ausrottungskriegs fiel in eine Zeit, als die natürlichen Existenzgrundlagen des Wolfs ohnehin ruiniert waren. Sein bevorzugtes Einstandsgebiet, der Bergwald, war in einem desolaten Zustand, die Beutetiere waren ganz oder nahezu ausgerottet.

Die Nutzung der Alpen erreichte ihren Höhepunkt im 19. Jahrhundert. Der Raubbau an den Wäldern und der damit verbundene Artenrückgang lässt sich für den Alpenraum gut am Beispiel der Schweiz verdeutlichen. Die Berglandwirtschaft, namentlich jene der Nordalpen, hatte eine Vorzugsstellung auf den rasch wachsenden europäischen Märkten für Hartkäse. Für die Käseproduktion brauchte es Brennholz und Weideland. Die beginnende Industrialisierung verschärfte den Druck auf den Bergwald, der nun zum Energielieferanten der Städte wurde. Ganze Wälder wurden stehend verkauft und kahlgeschlagen.

Um 1840 waren noch schätzungsweise zwanzig Prozent der Schweiz bewaldet, heute sind es mehr als dreißig Prozent. Die Zunahme erfolgte größtenteils in den Alpen. Hier war die gesamte Waldfläche in den schlimmsten Zeiten vermutlich nur noch halb so groß wie heute. Wo noch Wald stockte, war er nach Jahrhunderten der Beweidung durch Ziegen ausgelichtet und ohne Jungwuchs.

Die natürlichen Beutetiere des Wolfs in den Alpen sind alle mehr oder weniger stark auf Wälder angewiesen. Die Deregulierung der Jagd als Folge der Französischen Revolution, die vielerorts die Jagdprivilegien des Adels beseitigt hatte, trug das Ihre zum Zusammenbruch der Wildbestände bei. Mitte des 19. Jahrhunderts waren Steinbock und Hirsch in der Schweiz ausgerottet, das Reh eine Rarität. Halten konnte sich einzig die Gämse, wenn auch bloß in geringer Zahl und in stark geschrumpftem Verbreitungsgebiet. Für den Wolf blieben Schaf und Ziege.

Naturwissenschaftler kritisierten die Plünderwirtschaft im Bergwald und warnten vor den Folgen. Eine Serie von Hochwasserkatastrophen schien ihnen recht zu geben. 1868 traten in den Kantonen Uri, St. Gallen, Graubünden, Wallis und Tessin die Flüsse einmal mehr über die Ufer und wirkten verheerender denn je. Fünfzig Menschen starben. Die Katastrophe löste eine Welle der Hilfsbereitschaft im ganzen Land aus. Die Einsicht, dass der Raubbau beendet und die Bergwälder wieder instand gestellt werden müssten, setzte sich allmählich durch.

Es traf sich gut, dass mit der Kohle ein neuer Energieträger auf dem Markt erschien. 1858 fuhr die erste Dampflokomotive in Bern ein. Bereits zwei Jahre später war Kohle aus Deutschland auf dem städtischen Energiemarkt billiger als Brennholz aus dem Berner Oberland.

3

4

5

Der Wald dehnt sich aus – die Beutetiere kehren zurück

1876 trat das erste Schweizer Waldgesetz in Kraft. Es setzte das Prinzip der Nachhaltigkeit um: Es soll nicht mehr Holz geschlagen werden, als nachwächst. Kahlschläge wurden verboten, Rodungen bewilligungspflichtig. Und es gab Geld vom Bund für Aufforstungen.

Dass der Bergwald danach wieder Terrain gewann, ist indessen nur zu einem geringen Teil den Aufforstungen zu verdanken. Auf dem größten Teil der Fläche kam er von selbst wieder auf, indem er die steilen, schwer zugänglichen Bergmatten in Besitz nahm, aus denen sich die Berglandwirtschaft allmählich zurückzog. Allein dank dem deutlich geringeren Nutzungsdruck nahm die gesamtschweizerische Waldfläche zwischen 1850 und 1915 um rund ein Viertel zu. Die Entwicklung ist noch nicht abgeschlossen. Zwischen 1985 und 1995 wuchs die Waldfläche der Schweiz um vier Prozent, größtenteils auf Kosten aufgelassener Wiesen und Weiden im Berggebiet.

Die Regeneration der Bergwälder schuf großräumig wieder günstige Lebensbedingungen für die wilden Huftiere. Auch hier half ein Gesetz nach.

Das erste Schweizer Bundesgesetz über die Jagd aus dem Jahr 1875 reglementierte und verkürzte die Jagd auf das Hochwild. Der Abschuss von Gämsgeißen, die Kitze führen, wurde verboten, bei Reh und Hirsch kamen alle weiblichen Tiere unter Schutz. Zudem wurden Banngebiete ausgeschieden.

Hinter dem Jagdgesetz standen auch handfeste wirtschaftliche Erwägungen: Die Kantone wollten ihre Einkünfte aus den Jagdpatentgebühren bzw. den Pachtzinsen für die Jagdreviere steigern. Ohne Wild keine Jäger.

In der Folge breitete sich die Gämse wieder aus, der Hirsch kehrte aus Österreich, das Reh aus Süddeutschland in die Schweiz zurück. Letzteres besiedelte um 1920 bereits wieder den größten Teil des Juras und des Mittellandes, 1930 erreichte es den Alpenrand.

Dass es erst damals in die Wälder der Berggebiete zurückkehrte, war für deren Erholung von Vorteil. Der Appetit des Rehs auf Jungbäume hätte manches Aufforstungswerk zunichte gemacht. «Bei der heutigen Wilddichte wäre der Wiederaufbau des Waldes ausgeschlossen gewesen», schrieb der Forstprofessor Hansjürg Steinlin 1985 in einem Gesamtkonzept für die Schweizerische Wald- und Holzwirtschaftspolitik.

Heute bevölkert das Reh wieder die ganze Schweiz bis hinauf zur Waldgrenze, und die Bestände erreichen ein historisches Rekordniveau. Auch Gämsen, Hirsche und Steinböcke waren in den letzten paar Jahrhunderten nie so zahlreich wie in der Gegenwart.

5 Die Entwicklung ist noch nicht abgeschlossen: Die Waldfläche der Schweiz nimmt jährlich um vier Prozent zu.

6–8 Die Erholung der Bergwälder und die Einführung eines geregelten Jagdbetriebs mit Schonzeiten und Banngebieten brachten Gämse, Reh und Hirsch zurück in die Alpen.

6

7

8

9 Das Wildschwein erleichterte dem Wolf die Rückkehr. Es hat sich in den letzten dreißig Jahren in Italien rasant vermehrt und ist für die Bauern zu Landplage geworden

Die italienischen Wölfe

Die Rückkehr des Wolfs und der anderen ursprünglich im Alpenraum ansässigen Großraubtiere ist das letzte Kapitel der Geschichte. Im Fall des Wolfs begann es in den 1970er-Jahren. Damals hatte die letzte Wolfspopulation in erreichbarer Distanz zu den Alpen den Tiefpunkt erreicht. Etwa hundert Wölfe lebten noch in Italien, verteilt auf zwei getrennte Vorkommen – eines in den zentralen Teilen des Apennins, etwa auf der Höhe Roms, das andere von Neapel abwärts bis in die Fußsohle des Stiefels. Möglicherweise existierten noch einige versprengte Paare in der Toskana und in der Emilia-Romagna.

1972 erstellte der WWF Italien eine Liste gefährdeter Tierarten. Der Wolf stand weit oben. Er war damals völlig ungeschützt, konnte überall und jederzeit geschossen, vergiftet oder in Fallen gefangen werden. Der WWF lancierte eine Kampagne für den Wolf, und die Regierung schaltete erstaunlich rasch. Die zuvor vogelfreie Art wurde vorerst provisorisch unter Schutz gestellt.

Über ihre Lebensweise wusste man damals aber noch wenig bis nichts. Der WWF beauftragte daher die beiden Wildbiologen Erik Zimen und Luigi Boitani, das nächtliche Treiben der phantomähnlichen Wesen genauer zu erforschen. Das Untersuchungsgebiet lag in den Abruzzen östlich von Rom, teils im Gebiet des Parco Nazionale d'Abruzzo, teils außerhalb davon im Raum Maiella.

Man beschloss, Wölfe zu fangen und mit Sendern zu versehen. Der amerikanische Wolfsforscher David Mech, der über langjährige Erfahrung im Fang von Wölfen verfügte, wurde eingeflogen. Doch all seine Griffe in die Trickkiste halfen anfänglich wenig, die italienischen Wölfe ließen sich kaum überlisten. Nur mit viel Mühe gelang es schließlich, insgesamt elf Tiere zu fangen. Radiometrie heißt diese Methode der Wildtierforschung, die damals zum ersten Mal bei europäischen Wölfen zum Einsatz kam.

Die mit Peilgeräten verfolgten Tiere erwiesen sich als extrem scheu. Allem, was nach Mensch roch, begegneten sie mit abgrundtiefem Misstrauen. Das Gebot, Bauern, Jägern und Wanderern örtlich und zeitlich auszuweichen, bestimmte ihren Alltag, und sie zeigten sich darin äußerst geschickt.

Die Abruzzenwölfe waren jeweils allein oder allenfalls paarweise unterwegs. Die Tagesruhe verbrachten sie im Rudelverband in einem unzugänglichen steilen Wald, nachts stiegen sie hinab und kreuzten dabei gelegentlich auch in den Dörfern auf. Niemand merkte etwas davon. Die Fähigkeit, den Lebensraum mit dem Menschen zu teilen, ohne ihm jemals direkt zu begegnen, ermöglichte es ihnen, trotz fehlenden natürlichen Beuteangebots satt zu werden. Hirsch und Reh waren in den Abruzzen schon Ende des

9

10 Anders als der Wolf
kam der Luchs mit
menschlicher Hilfe
zurück in die Alpen –
durch Aussetzungen
in der Schweiz und
in Slowenien. Das Foto
zeigt Gehegeluchse im
Nationalpark Bayrischer
Wald.

19. Jahrhunderts ausgestorben, doch auf den offenen Deponien neben den Dörfern fanden die Wölfe reichlich Nahrung. Sechzig bis siebzig Prozent ihres Bedarfs deckten sie mit Abfall.

1976 wurde der Wolf in ganz Italien unter Schutz gestellt und ein Entschädigungssystem bei Haustierrissen trat in Kraft. Doch nicht allein deswegen brachen für ihn wieder bessere Zeiten an. Viel wichtiger waren auch in diesem Fall die ökologischen Faktoren. Im Rahmen des Wolfsprojekts wurden Hirsch und Reh wieder eingebürgert. Seither hat sich die Zahl der wild lebenden Huftiere in ganz Italien vervielfacht, beim Wildschwein sind die Bestände regelrecht explodiert.

1983 erbrachte eine Bestandesschätzung etwa 220 Wölfe in ganz Italien, zu Beginn der 1990er-Jahre waren es schon 300. Auch das Verbreitungsareal wuchs stetig. 1985 lag die nördliche Ausbreitungsfront bereits in den ligurischen Bergen in der Gegend von Genua und Alessandria, im selben Jahr wurde ein Wolf östlich von Cuneo im Piemont erlegt. Die Vorhut hatte den südlichen Zipfel des Alpenbogens erreicht. Und am 5. November 1992 beobachtete ein Parkwächter des Nationalparks Mercantour anlässlich der alljährlichen Wildtierzählung die ersten zwei Wölfe auf französischem Gebiet. Die Kolonisierung des Alpenraums hatte begonnen.

10

Die anderen: Luchs, Bär, Bartgeier

Zusammen mit dem Wolf lassen sich auch die anderen beiden Großraubtiere, Bär und Luchs, wieder im Alpenraum nieder. Die Ursachen – Erholung der Wälder, Rückkehr der wilden Huftiere und gesetzlicher Schutz – sind bei allen dieselben, doch jede Art hat ihre eigene Geschichte.

Auch dem **Luchs** war die Zerstörung von Lebensraum und Nahrungsgrundlage zum Verhängnis geworden. Notgedrungen hielt er sich an Schafe und Ziegen, die zu Tausenden in den Wäldern weideten, und zog so umso mehr den Groll der Bauern auf sich. 1894 schoss der Jäger Antonio Basso in der Simplonregion den letzten Luchs auf Schweizer Boden, 1909 wurde im gleichen Gebiet letztmals ein Luchs gesichtet.

11 Der eineinhalbjährige
männliche Petz,
der 2005 im Schweizer
Nationalpark auf-
tauchte – das Foto zeigt
ihn am 15. August in
der Nähe des Ofen-
passes – war der erste.
Seither sind drei
weitere Jungbären aus
dem Raum Adamello-
Brenta in Italien in der
Südostschweiz, im Tirol
und in den bayerischen
Alpen aufgetaucht.

12 Bärenfährte: Vorderfuß
unten, Hinterfuß in der
Mitte des Bildes.

1967 fasste die Schweizer Regierung den Beschluss, in einem Jagdbann-
gebiet versuchsweise ein bis zwei Luchspaare auszusetzen. Hinter dem Vor-
haben standen nicht zuletzt Forstkreise, die vom Beutegreifer eine Reduktion
der Rehbestände und damit auch der Verbissschäden am Jungwald erhofften.
1971 war es so weit: Am Hutstock im Melchtal OW betrat das erste Luchspaar
Schweizer Boden. Es folgten bewilligte Aussetzungen in der Innerschweiz, in
den Waadtländer Alpen und im Neuenburger Jura. Daneben wurden auch
illegal Luchse freigelassen. Alles in allem waren es etwa zwei Dutzend Individuen. Die letzte Freilassung erfolgte 1980. Sämtliche Tiere stammten aus den
slowakischen Karpaten.

Ihre Nachkommen leben heute in zwei getrennten Populationen: eine in
den Alpen mit Kerngebiet zwischen Thuner- und Genfersee, die andere im
Jura. Rund hundert ausgewachsene Tiere sind es insgesamt. Die Population
breitete sich in den letzten Jahren in die französischen Alpen aus. Das zweite
größere Luchsvorkommen im Alpenraum befindet sich in den Karawanken
im Grenzgebiet von Österreich und Slowenien sowie im Dreiländereck der
Karnischen und Julischen Alpen. Hier erfolgte 2002 der erste Fortpflanzungs-
nachweis auf italienischer Seite. Auch diese Population hat ihren Ursprung
in einem Wiederansiedlungsprojekt, das in Slowenien in den 1970er-Jahren
lanciert wurde.

Zwischen den beiden Populationen klafft eine dreihundert Kilometer
breite Lücke ohne Luchsvorkommen. Diese zu schließen ist das Ziel der heutigen Schutzbestrebungen. Anders als der Wolf ist der Luchs aber ein schlech-
ter Kolonisator. Er lässt sich möglichst in der Nachbarschaft von Artgenossen
nieder, Jungtiere wandern ungern weitab in unbesiedeltes Terrain, und sie
werden dabei stärker als der Wolf durch Barrieren wie große waldfreie Flächen, Siedlungen und Verkehrswege gehemmt.

Deshalb soll der Ausbreitung der Art durch Umsiedlungsaktionen nach-
geholfen werden. Das Projekt LUNO (Luchsumsiedlung Nordostschweiz) war
ein erster Schritt: Insgesamt zwölf Luchse wurden seit 2001 in den Nord-
westalpen sowie im Jura gefangen und in die Nordostschweiz transferiert.
Das Umsiedlungskonzept soll auch helfen, den Konflikt mit der Jagd zu ent-
schärfen. Für die Jäger ist der Luchs ein Konkurrent. Er wird das Reh zwar
nie ausrotten, doch er hat Einfluss auf das Verhalten und die Zahl seiner
Beutetiere. Wenn in einem Gebiet, in dem Luchse leben, der Jagderfolg unter
die Schmerzgrenze der Jäger sinkt, werden einzelne Luchse eingefangen
und anderswo wieder ausgesetzt – sofern gewährleistet ist, dass die Population Abgänge verkraften kann.

11

12

Für die Landwirtschaft ist der Luchs kein schwerwiegendes Problem. Im Jahr 2000, dem Rekordjahr der Luchsschäden, wurden in der ganzen Schweiz 233 Haustiere von Luchsen gerissen, in normalen Jahren sind es ein paar Dutzend. Reißt ein Luchs notorisch Kleinvieh, wird er mit Sonderbewilligung der Kantone geschossen. Diese Regelung wurde bisher in acht Fällen angewandt. Die räumliche Einheit des Schweizer Luchskonzepts ist das «Kompartiment»: Großraubtierkompartimente sind durch natürliche und zivilisatorische Barrieren mehr oder weniger abgeschlossene, kantonsübergreifende Räume, in denen die Population ein gewisses Eigenleben führt.

Die Rückkehr des **Bären**, der Anfang des 19. Jahrhunderts aus der Schweiz verschwand, hat seinen Ursprung in den Wäldern Sloweniens und Kroatiens. In Slowenien hatte der Bestand den Tiefpunkt schon vor dem Ersten Weltkrieg erreicht. Er wurde auf dreißig bis vierzig Tiere geschätzt. 1935 wurde die Art im Süden und Südwesten des Landes unter Schutz gestellt. Dies sowie später erlassene Bestimmungen ließen die Zahl der slowenischen Bären anwachsen. Im ehemaligen Jugoslawien war der Petz ein Devisenbringer: Für den Abschuss eines kapitalen Tiers bezahlten Jäger aus Westeuropa mehrere Tausend Franken. Das bewog das Land zu einer pragmatischen, nachhaltigen Bärenpolitik.

Heute sind es nach Angaben der slowenischen Behörden 500 bis 700, andere Fachleute gehen von einem Bestand um 400 Bären aus. Die Bären Sloweniens sind Teil der dinarischen Population, die sich bis ins Pindos-Gebirge in Griechenland erstreckt und schätzungsweise 2500 Individuen zählt.

Mit der Zunahme der Bestände in Slowenien und Kroatien häuften sich ab Mitte des 20. Jahrhunderts die Einwanderungen auf österreichisches Gebiet. Durch die Ansiedlung von drei Bären im Ötscher-Dürrenstein-Gebirge am östlichen Ausläufer der Alpen sollte der natürliche Prozess beschleunigt werden. Die Aussetzungen erfolgten von 1989 bis 1993. Bis in die zweite Hälfte der 1990er-Jahre nahm der Bestand wacker zu, zur besten Zeit wurde er auf 25 bis 30 Tiere geschätzt. Heute sind es höchstens noch zehn. Auffallend sind die sehr hohen Verluste namentlich bei den einjährigen Jungbären nach der Trennung von der mütterlichen Bärin.

Von Slowenien aus wanderten auch Bären in das Dreiländereck in den Karnischen und Julischen Alpen. Andere kamen unfreiwillig nach Italien. Im Gebiet des Nationalparks Adamello-Brenta in der Provinz Trento wurden zwischen 1999 und 2002 sieben Weibchen und drei Männchen ausgesetzt. Im Aussetzungsgebiet hatten die letzten ursprünglichen Alpenbären überlebt. Ende des 20. Jahrhunderts stand der Reliktbestand kurz vor dem Erlöschen.

Seit 2002 gibt es wieder jedes Jahr Nachwuchs. 2008 gab es gar acht Junge, 2009 drei. Momentan leben 25 bis 30 Bären in der Provinz Trento. Aus diesem Vorkommen stammen die Tiere, die seit 2005 im Unterengadin und im Tirol aufgetaucht und – im Fall von «Bruno» – 2006 bis nach Bayern gewandert sind. Das langfristige Ziel des Trentiner Bärenprojekts ist eine Population mit vierzig bis sechzig Tieren. Weitere Aussetzungen sind vorläufig nicht geplant, man hofft aber auf baldige Verstärkung durch slowenische Einwanderer.

Viel Wild heißt auch viel Aas. Für den **Bartgeier,** der sich hauptsächlich von Knochen ernährt, sind die Lebensbedingungen deshalb ebenfalls deutlich besser geworden als zur Zeit seiner Ausrottung. In der Schweiz war dies 1885, damals flog bei Vrin im Lugnez GR letztmals ein Junggeier aus einem Schweizer Horst. 2007 brütete der Vogel erstmals wieder innerhalb der Landesgrenzen, und dies gleich dreifach. Eine Brut erfolgte am Ofenpass, an der Grenze zum Schweizerischen Nationalpark, eine weitere im Parkgebiet und die dritte im Raum Derborence im Unterwallis.

Die letzten Bartgeier des Alpenraums verschwanden zu Beginn des 20. Jahrhunderts. 1978 lancierten Fachleute aus Frankreich, Italien, Österreich, Deutschland und der Schweiz zusammen mit dem WWF ein Wiederansiedlungsprojekt. Ein Zuchtprogramm, an dem sich mehr als dreißig Zoos

13

in ganz Europa beteiligen, wurde gestartet. Gezielte Verkupplung der Vögel verhinderte Inzuchtprobleme – mit dem Ergebnis, dass die genetische Variabilität im gezüchteten Bestand heute größer ist als zum Beispiel in der Wildpopulation der Pyrenäen. 1986 wurden bei den Hohen Tauern in Österreich die ersten Junggeier ausgewildert, 1997 gelang in der Haute-Savoie in Frankreich die erste Brut in der freien Wildbahn. Mittlerweile haben sich in der Umgebung mehrerer Aussetzungsorte Populationskerne gebildet, in denen 2007 zehn Junggeier ausgeschlüpft sind. Der gesamte Bestand in den Alpen wird derzeit auf hundert geschätzt. In absehbarer Zeit wird man mit Freilassungen aufhören und den Abschluss des Vorhabens der Natur überlassen können.

www.kora.ch
www.orso.provincia.tn.it
www.wwf.at/baer
www.bartgeier.ch

Kosmopolit

14

14 Die Verbreitung über unterschiedliche Lebensräume der ganzen nördlichen Erdhalbkugel hat zur Ausbildung verschiedener Unterarten geführt. Die italienischen Wölfe (aufgenommen im Parco Faunistico del Monte Amiata in der Toscana) tragen meist ein beige, grau, schwarz und gelbbraun gefärbtes Fell.

15|16 In Nordamerika, vor allem in den Rocky Mountains, haben Wölfe sehr variable Fellzeichnungen. Selbst innerhalb eines Wurfs kann es schwarze und weiße Tiere geben.

17 Mexikanischer Wolf.

Der Wolf ist der Kosmopolit der Tierwelt: In ganz Nordamerika, von den arktischen Inseln bis hinab nach Mexiko war er einst zu Hause, bewohnte Eurasien flächendeckend von der Polarküste bis nach Südindien. Es gibt auf der nördlichen Halbkugel der Erde praktisch keine natürlichen Lebensräume, die er nicht besiedeln konnte. In baumlosen Tundragebieten ebenso wie in Wäldern und Wüsten, im Hochgebirge wie an der Meeresküste – überall fand er sich zurecht. Auch in der vom Menschen besiedelten und genutzten Landschaft. Es fällt auf, dass die Art in Europa nicht in jenen Gebieten überlebt hat, wo die Natur am intaktesten geblieben und die Lebensraumbedingungen am besten sind, sondern da, wo er eine gewisse Toleranz genoss und der Mensch ihn nicht mit letzter Konsequenz bis zur Ausrottung bekämpft hat.

Genug Beute, ein paar schlecht zugängliche Steilwälder oder andere störungsfreie Orte, in denen die Welpen aufwachsen können, und genug Deckung, um sich dem Menschen entziehen zu können – mehr braucht der Wolf in seinem Lebensraum nicht. Er hat denn auch das größte natürliche Verbreitungsgebiet aller Säugetiere außer dem Menschen.

Die Verbreitung über nahezu die gesamte nördliche Halbkugel hat dazu geführt, dass die Art sich in mehr als ein Dutzend Unterarten verzweigt hat. *Canis lupus arabs*, die Unterart, welche die Golfregion besiedelt, wiegt zwanzig Kilogramm, zweieinhalbmal weniger als ein durchschnittlicher Alaskawolf. Tendenziell werden die Wölfe schwerer, je weiter im Norden sie vorkommen. Die kapitalsten Exemplare wurden aber nicht am Polarkreis, sondern in den Karpaten erlegt. Eine Quelle erwähnt einen 96 Kilogramm schweren Wolf, geschossen 1942 in den Karpaten. Auch seine Körpergröße ist überliefert: 2,13 Meter von der Schnauze bis zur Schwanzspitze.

15   16 17

Die Wölfe der Alpen gehören mit einem Gewicht von 25 bis 35 Kilogramm bei ausgewachsenen Tieren eher zum kleineren Typus. Die aus Polen nach Deutschland einwandernden Wölfe bringen rund vierzig Kilogramm auf die Waage – etwa gleich viel wie ein wohlgenährter Berner Sennenhund.

Die Färbung kann nicht nur zwischen den Unterarten, sondern auch zwischen Einzeltieren sehr stark variieren. So kommt es vor, dass es in einem Wurf weiße, schwarze und graue Welpen gibt. Das Fell der Wölfe in Italien und Frankreich hat meist eine Mischfärbung aus Beige, Grau, Schwarz und Gelbbraun.

Wölfe sehen und hören gut. Die Augen sind für das Sehen in der Dämmerung eingerichtet. Der Blickwinkel umfasst 250 Grad, beim Menschen sind es bloß 180 Grad. Mit ihren beweglichen Ohren können sie andere Wölfe auf eine Distanz von sechs bis zehn Kilometern hören. Auch der Geruchssinn ist hoch entwickelt. Der amerikanische Wolfsforscher David Mech berichtet von einem Wolfsrudel, das eine 2,4 Kilometer entfernte Elchkuh mit zwei Jungtieren gerochen hat.

Das Hirn eines Wolfes ist deutlich voluminöser als das eines gleich großen Hundes. Wölfe sind zu eigenständigen Problemlösungen fähig und lernen durch Beobachtung. In einem Experiment begriffen sie sehr rasch, wie man durch Drehen eines Knopfs eine Tür öffnet, allein indem sie einem Menschen zuschauten, der dies tat.

Begegnungen

«Ausgestreckt und ruhig schaut er um sich,
gähnt, kratzt sich, erhebt den Kopf und
inspiziert die Umgebung.»

Pierre-Alain Oggier, Biologe, Unterwallis, 6. Februar 2000

Zwei Adler kopulieren auf einem kleinen markanten Felsen im Vallon de Martémo. Das Männchen fliegt anschließend ab, setzt sich auf einen benachbarten Felsen, unweit vom Weibchen. Ich bin noch auf das wunderschöne Bild des Adlerpaars konzentriert, als das Männchen plötzlich gradlinig gleitend wegfliegt. Bald wird es eingeholt vom Weibchen. Ohne zu zögern, fliegen die beiden ein südöstlich gelegenes Ziel an, welches nur sie kennen. Die Talquerung dauert einige Minuten, danach setzen sich die beiden Adler auf 1800 Meter Höhe unterhalb der Alpe Niva hintereinander in den Schnee, mitten in einem Lawinencouloir.

Ich muss nicht lange warten: Schon sitzt der Adler auf einer toten Gämse und beginnt zu fressen. Das andere Tier wartet geduldig, bis es an der Reihe ist. Komisch, der noch vollständige Gämskadaver an dieser Stelle: Es sind keine Anzeichen eines Lawinenabgangs sichtbar, und es gibt im Schnee auch keine Hinweise auf ein Abrutschen: Das Tier ist nicht abgestürzt. Aber es ist auch zu groß, als dass die beiden Adler es hätten schlagen können.

Die Gämse war nicht ihre Beute. Es ist 16 Uhr 30, ich habe eine Verabredung und muss gehen. Schade.

Am Tag danach gehen mir die beiden Adler und der unerklärliche Tod der Gämse nicht aus dem Sinn. Die Entscheidung ist rasch getroffen: Ich fahre nach Evolène. Punkt 17 Uhr bin ich auf dem Dorfplatz.

Dunkelgrau verhangener Himmel. Ich suche mit meinem Feldstecher. Die Gämse ist nicht mehr da. Das ist unmöglich: Die Adler konnten dieses Tier nie und nimmer in einem Tag vertilgt haben.

Kontrollieren wir noch einmal die Umgebung. Oh! Ein Luchs von hinten: runder Kopf, kleine spitze Ohren. Er dreht sich um: Ach, es ist ein Fuchs. Nein! Zu groß und nicht rötlich: ein Wolf!

Er tritt aus dem Wald, geht auf die kleine Lärche zu. Plötzlich versinkt seine Schnauze im Schnee und kommt mit einem großen Stück Fleisch wieder hervor. Ruhig legt er das Beutestück ab, legt sich im hohen Schnee hin, gähnt und beißt zu. Schließlich packt er das Fleischstück erneut und kehrt, immer wieder im Schnee einsinkend, zurück in den nahen Wald. Alles hat gut fünf Minuten gedauert. Herrliche Minuten!

Ich muss ihn unbedingt noch einmal sehen. Ich durchsuche das Unterholz zwischen den Bäumen. Umsonst. Ich suche weiter. Da bewegt sich etwas: Der Wolf verlässt den Wald und geht auf einen großen flachen Felsen zu, auf den er steigt, um sich dann im Schnee hinzulegen. Ausgestreckt und ruhig schaut er um sich, gähnt, kratzt sich, erhebt den Kopf und inspiziert die Umgebung. Er verschmilzt nahezu perfekt mit dem grauen Felsen im Hintergrund.

Gegen 18 Uhr 05 verschwindet der Wolf zwischen den Bäumen des Waldrandes. Es ist schon fast dunkel.

Damit sich ein Wolf fortpflanzen kann, muss er einen Partner und ein freies Revier finden. Die Suche danach führt zuweilen über extrem weite Distanzen.

Rückeroberung

1 Ab Mitte der 1990er-Jahre tauchten die ersten Wölfe in der Schweiz auf. Es waren anfänglich ausschließlich junge Rüden.

2|3 Kurz zuvor hatten sich in den Südalpen Italiens und Frankreichs die ersten Rudel etabliert. Die Bilder zeigen Wölfe in den piemontesischen Alpen. Gegenwärtig zählt die italienisch-französische Wolfspopulation etwa tausend Tiere. Von diesen leben rund 150 im Alpenraum.

1

Die längste bisher gemessene Wanderstrecke brachte eine skandinavische Wölfin hinter sich. Das im Sommer 2003 im Süden Norwegens markierte Tier war im Frühling 2005 im Norden Finnlands, nahe der russischen Grenze, von einem Rentierzüchter erlegt worden. Die Distanz zwischen den beiden Orten beträgt rund 1100 Kilometer Luftlinie. Die am Boden absolvierte Wegstrecke dürfte um ein Mehrfaches darüber liegen: Ein mithilfe der Satellitentelemetrie auf Schritt und Tritt verfolgter nordamerikanischer Wolf war 4251 Kilometer unterwegs, um eine Distanz von 494 Kilometer Luftlinie zurückzulegen.

Auch bei den italienischen Tieren sind erstaunliche Wanderungen dokumentiert. Am 28. Februar 2004 wurde ein junger Rüde unweit von Parma von einem Auto angefahren. Das Tier überstand den Unfall mit bloß geringfügigen Verletzungen und konnte kurz danach wieder freigelassen werden – ausgerüstet mit einem Halsbandsender, der via Satellit die Position anzeigt.

Anfänglich bewegte sich der Wolf im nördlichen Apennin zwischen Parma und La Spezia. Danach wanderte er mit vielen Schleifen und Umwegen in Richtung Westen. Er überquerte mehrere Autobahnen und passierte besetzte Wolfsterritorien. In der Umgebung von Genua befand er sich zeitweise bloß zehn Kilometer von der Küste entfernt. Unweit der Stadt Mondovì nördlich der ligurischen Berge machte er einen Abstecher in die Ebene. Später wechselte er über die Meeralpen nach Frankreich ins Gebiet des Col de Turini, kehrte danach wieder auf die italienische Seite des Alpenkamms zurück. Die täglichen Wanderstrecken lagen zwischen zwanzig und vierzig Kilometern. Die Reise endete nach knapp einem Jahr. Im Februar 2005 wurde der Wolf im Valle Pesio, nahe der französischen Grenze, tot aufgefunden. Die Todesursache konnte nicht geklärt werden, da sich bereits verschiedene Aasfresser über den Kadaver hergemacht hatten. Denkbar ist, dass das Tier vom ansässigen Rudel getötet worden war – ein Schicksal, das Einzelwölfe in der freien Wildbahn öfters erleiden.

2

3

4 Schweizer Südalpen:
Alpe di Piora mit Lago
Cadagno im Tessin.

5 Erstnachweis in den
Nordalpen: Am
22. März 2006 wurde
bei Gsteigwiler im
Berner Oberland
ein Wolfsrüde von
einem Zug überfahren.

4

Strategien der Kolonialisierung

Obschon eine Wölfin den Distanzrekord hält, scheint es die Männchen eher in die weite Welt zu ziehen, wogegen sich junge Weibchen lieber in der Nähe ihres Herkunftsgebietes niederlassen. Die Kolonisierung neuer Habitate erfolgt deshalb in den ersten Phasen durch männliche Tiere. Das war auch in den Schweizer Alpen zu beobachten. Die ersten Wölfe aus Frankreich und Italien, die ab Mitte der 1990er-Jahre auf Schweizer Gebiet auftraten, waren allesamt Rüden. 2002 kam die erste Wölfin. Sie ließ sich im Simplongebiet nieder. Seither wurden vier weitere weibliche Tiere in der Schweiz festgestellt, und im Sommer 2010 formierte sich im Wallis erstmals ein Paar. Damit ist der Prozess in eine neue Phase getreten. In wenigen Jahren, wenn nicht schon zeitiger, dürften hierzulande die ersten Wolfswelpen zur Welt kommen.

Bis 2006 erfolgten Wolfsnachweise ausschließlich im Wallis, im Tessin und im Graubünden. Der im März 2006 bei Gsteigwiler im Berner Oberland von einem Zug überfahrene Rüde war der erste in den Nordalpen. Seither sind mehrere Wölfe, darunter auch ein Weibchen, in Gebieten der nördlichen Alpen und Voralpen aufgetaucht – in der Innerschweiz, den Berner und Freiburger Alpen und im Kanton Waadt. 2010 waren schätzungsweise 15 bis 20 Wölfe in der Schweiz unterwegs.

5

Genetische Methoden ermöglichten es, die Herkunft einiger Einwanderer in die Schweiz zu bestimmen:

- Die beiden Rüden, die Ende November 1998 bei der Kadaversammelstelle von Reckingen (VS) gefunden bzw. im Januar 1999 auf der Simplon-Pass-straße von einer Schneeräumungsmaschine überfahren wurden, waren Brüder und entstammten einem Rudel aus dem Gebiet Moyenne-Tinée im französischen Nationalpark Mercantour.
- Der Genotyp der beiden Wölfe, die 1999 im Val d'Hérémence VS bzw. 2000 im Val d'Hérens VS auftauchten, gleicht stark jenem zweier Rüden aus einem Rudel der Gegend von Vésubie-Roya, ebenfalls im Nationalpark Mercantour.
- Von der 2002 eingewanderten Simplonwölfin gibt es eine Kotprobe aus dem Jahr 2001, gefunden im Valle Pesio südlich von Cuneo. Und die Wölfin, die 2006 im Goms VS nach mehreren Attacken auf Schafherden mit Bewilligung des Kantons geschossen wurde, stammt aus dem Val Troncea-Germanasca. Beide Herkunftsgebiete liegen in den piemontesischen Alpen.
- Am 27. November 2006 riss ein Wolf am Fuß des Stockhorns (BE) acht Schafe. Die genetische Analyse von Speichelproben identifizierte ihn als Rüde aus der italienischen Population. Er hinterließ in den Jahren danach in einem Raum, der von Thun im Berner Oberland über das Simmental und das Saanenland bis in die Waadtländer Alpen reicht, immer wieder Zeichen seiner Präsenz oder wurde direkt beobachtet – so etwa am 27. März 2007 von der Bäuerin Barbara Moser vor ihrem Heimwesen im Berner Gürbental (siehe auch Seite 132). Im Januar 2008 löste er im Simmental eine Fotofalle aus. Mehrmals erbeutet er Schafe oder Ziegen. In den Wintern hielt sich der Wolf bevorzugt in den Freiburger und Waadtländer Alpen auf, wo er sich von Hirschen ernährte. Anfang 2010 war er plötzlich im Oberwallis unterwegs. Hier kreuzten sich seine Fährten mit denen eines Weibchens. Erstmals formierte sich in der Schweiz ein Paar. Das gemeinsame Leben dauerte indessen nicht lange. Am 11. August 2010 wurde das Männchen auf der Alpe Scex in der Region Montana-Varneralp mit Bewilligung des Kantons geschossen. In den Wochen zuvor hatte das Paar in der Gegend 15 bis 20 Schafe gerissen sowie je ein Rind getötet und verletzt.

Nebst der Wanderfreudigkeit begünstigt auch das hohe Fortpflanzungspotenzial die Ausbreitung des Wolfs. Eine Wölfin bringt jährlich vier bis sechs Welpen zur Welt. Deren Überlebensrate ist in den noch wolfsarmen, aber wild-

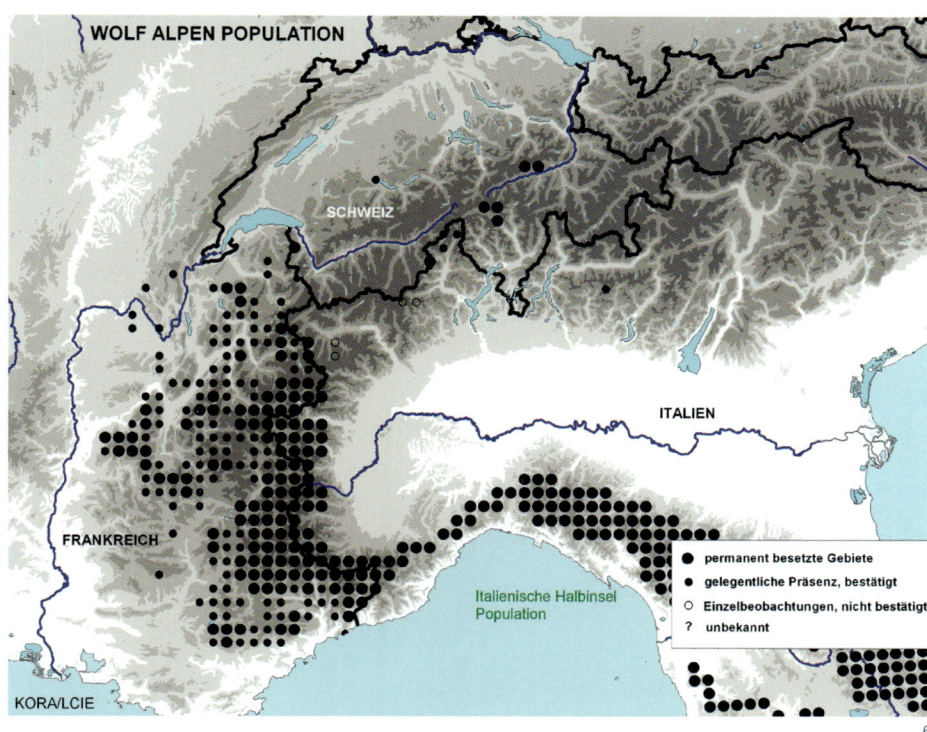

WOLF ALPEN POPULATION

SCHWEIZ

ITALIEN

FRANKREICH

Italienische Halbinsel
Population

● permanent besetzte Gebiete
● gelegentliche Präsenz, bestätigt
○ Einzelbeobachtungen, nicht bestätigt
? unbekannt

KORA/LCIE

6

6 Verbreitung des Wolfs
in den Alpen (Stand
Ende 2007).

reichen Ausbreitungsgebieten hoch. Die im Süden Skandinaviens von Wölfen, die aus Finnland eingewandert waren, begründete Population (siehe Seite 129) nahm zwischen 1991 und 1998 um durchschnittlich 29 Prozent pro Jahr zu. Bei den Wölfen Italiens liegt der Zuwachs bei jährlich sechs Prozent, und die Ausbreitungsgrenze verschob sich zeitweise um 28 Kilometer pro Jahr.

Es gibt beim Wolf grundsätzlich zwei verschiedene Ausbreitungsstrategien. Einige Individuen entfernen sich nie weit vom Rudel, von dem sie abstammen. Sie haben somit gute Chancen, einen Fortpflanzungspartner zu finden – wobei allerdings ein erhebliches Risiko besteht, dass dieser mit ihnen nahe verwandt ist. Andere wandern sehr weit ab. Die Wahrscheinlichkeit, auf Artgenossen zu treffen, ist für sie geringer, dafür kommt es so kaum zu Inzuchtpaarungen.

Gegenwärtig zählt die italienisch-französische Wolfspopulation 500 bis 1000 Tiere, von diesen leben rund 150 im Alpenraum. Das gesamte Verbreitungsareal erstreckt sich von Kalabrien an der Spitze des Stiefels bis in die ligurischen Berge und von da über den Alpenbogen bis nach Savoyen und in die piemontesischen Alpen. Einzelwölfe haben sich auch außerhalb dieses Areals niedergelassen – in den Pyrenäen, im Massif Central, in den Vogesen sowie in den Schweizer Alpen. Zwischen dauernd vom Wolf besiedelte

Gebiete schieben sich aber immer wieder Räume, in denen die Tiere bloß durchwandern. Bei der Kolonisierung der Alpen ist die italienische Wolfspopulation durch einen «genetischen Flaschenhals» gegangen: Die Gendiversität ist in den Alpen geringer als im nördlichen Apennin, ergab die genetische Analyse von 3068 Kot- und Gewebeproben, die man zwischen 1982 und 2004 gesammelt hatte. Die Gründertiere brachten bloß einen Teil der gesamten Erbinformation mit, die in den italienischen Wölfen steckt. Aufgrund der genetischen Daten lässt sich deren Zahl abschätzen. Es dürften nicht mehr als 8 bis 16 gewesen sein, mehrheitlich Rüden. Der Individuenaustausch zwischen Stammland (Apennin) und Kolonie (Alpen) ist eher gering. Pro Generation wechseln nur ein bis drei Individuen in die Kolonie.

7

7 Wölfe im Gehege
des Nationalparks
Bayerischer Wald.
8 Heiden und Wälder
bilden den Lebensraum
der Wölfe in der Lausitz
in Deutschland.

8

Rückkehr nach Deutschland

1998 beobachteten Mitarbeiter des Forstamtes Muskauer Heide in der Oberlausitz im Bundesland Sachsen zwei jagende Wölfe. In diesem Bundesland war 1904 der letzte Wolf Deutschlands geschossen worden. Die Tiere hatten sich einen 145 Quadratkilometer großen, zu siebzig Prozent bewaldeten Truppenübungsplatz als neuen Lebensraum ausgesucht. Im Jahr 2000 brachte die Wölfin vier Welpen zur Welt. Es handelt sich um die erste Fortpflanzung auf deutschem Gebiet.

Die Rückkehr des Wolfs nach Deutschland hat ihren Ursprung im Westen Polens, hundert Kilometer von der deutschen Grenze entfernt. In der 2000 Quadratkilometer großen Netzer Heide (Puszcza Notecka) nordwestlich von Posen (Poznań) siedelte sich um 1980 erstmals seit Ende des Zweiten Weltkriegs wieder ein Wolfsrudel an. Die Begründer waren wohl aus den Masuren oder den Ostkarpaten eingewandert. 1990 lebten hier bereits wieder vierzig bis fünfzig Wölfe in zwei bis fünf Rudeln.

In den letzten fünfzig Jahren hat es immer wieder Nachweise von Wölfen gegeben, die aus Polen eingewandert waren. Mit dem Aufbau des Bestandes in der Netzer Heide häuften sich die Auftritte. Abwandernde Jungwölfe erreichten wiederholt Gebiete von Mecklenburg-Vorpommern, Brandenburg, Thüringen und Sachsen. Sie wurden alle früher oder später geschossen oder überfahren.

Eines der Jungtiere aus dem ersten Wurf auf deutschem Boden, eine Wölfin, pflanzte sich 2003 fort, allerdings mit einem falschen Partner: Mangels männlichem Part – bei Geschwistern wirkt das Inzesttabu – mit einem Hund.

9 Keine Idylle, doch ein Wolfsrudel zieht hier Welpen auf: das Revier des Neustädter Rudels. Im Hintergrund produziert das Braunkohlekraftwerk Boxberg Strom.

10 Einwanderungsachsen für Wölfe aus Osteuropa, dem Balkan und den Alpen nach Deutschland
Aus Ilka Reinhardt/ Gesa Kluth, 2007, «Leben mit Wölfen».

9

Zwei von den vier Hybridwelpen wurden später gefangen und in ein Gehege gebracht, die anderen beiden sind verstorben. Die Wölfin aber fand doch noch den Richtigen: Im Herbst 2004 wanderte ein Wolfsrüde aus Polen ein. Die beiden begründeten im Gebiet Neustadt das zweite Rudel.

Heute leben sechs Wolfsrudel in der Lausitz, davon fünf auf dem Gebiet des Bundeslandes Sachsen und eines in Brandenburg. Die Größe der Rudel schwankt im Jahresverlauf zwischen fünf und zehn Individuen – dem Elternpaar, einigen Jährlingen und den noch nicht einjährigen Welpen. Die Jährlinge wandern im Laufe des Jahres ab. Der Gesamtbestand liegt bei 25 bis 50 Tieren.

Verschiedentlich sind in letzter Zeit Wölfe auch in anderen Bundesländern aufgetaucht, der westlichste Vorposten der Kolonisierung liegt derzeit an der Ostgrenze von Nordrhein-Westfahlen.

Auch im Süden Deutschlands dürfte der Wolf wohl in absehbarer Zeit wieder heimisch werden. Die Besiedlung wird hier durch Tiere aus der Alpen-

10

population erfolgen. Die Vorhut ist schon gekommen: Im Mai 2006 wurde bei Pöcking in Bayern ein Wolfsrüde von einem Auto überfahren. Sein genetisches Profil passt mit dem DNA-Muster von Wolfskot zusammen, der Ende März in Norditalien gefunden worden war. Im Dezember 2009 erfolgte der zweite Wolfsnachweis. Ein Rüde hatte im bayrischen Mangfallgebirge eine Hirschkuh gerissen. Auch er entstammt der italienischen Population.

In den beiden südlichen Bundesländern Bayern und Baden-Württemberg stoßen Wölfe grundsätzlich auf geeigneten Lebensraum, schätzt das sächsische Wolfsforschungsbüro LUPUS. Indessen sind die wilden Beutetiere vor allem in den Regionen der großen Ballungsräume wie München und Stuttgart nicht sonderlich zahlreich. Hier könnte es deswegen zu einigen Konflikten mit der Landwirtschaft kommen.

Ganz Deutschland böte Platz für etwa 440 Wolfrudel, ergab eine Studie des Bundesamtes für Naturschutz (BfN). Geeignete Lebensbedingungen fänden die Tiere namentlich in den stark bewaldeten Mittelgebirgsregionen.

Wölfe zählen

11   12   13

11   Fotofalle: Zieht ein Tier vorbei, löst ein Infrarot-Sensor die Aufnahme aus.

12   Wolfsspur, fotografiert bei Evolène im Unterwallis.

13   Wolfskot: Wer der Urheber war, zeigt die genetische Analyse. Den hellen Kot hinterließ der Surselva-Wolf – was den Fuchs, der später vorbeizog, veranlasste, seinerseits zu markieren (dunkler Kot in der Mitte).

14   Radiotelemetrisch überwachter Wolf im Jasper Nationalpark in Kanada: Die Signale des Halsbandsenders verraten jederzeit den Aufenthaltsort.

Die Entwicklung der Wolfspopulation in den Alpen Italiens und Frankreichs wird in beiden Ländern wissenschaftlich verfolgt. Neben den erst seit wenigen Jahren verfügbaren genetischen Methoden kommt dabei auch altbewährtes Trapperwissen zum Einsatz. Im Winter werden die vom Wolf besiedelten Gebiete auf Skis oder Schneeschuhen systematisch nach Wolfsfährten abgesucht, was allerdings nur bei günstigen Schneeverhältnissen und unkritischen Lawinensituationen möglich ist.

Im Sommer sind *howling sessions* auf dem Programm. Durch Imitation des Wolfsheulens werden Rudel dazu animiert, sich ihrerseits akustisch bemerkbar zu machen. Manche Wildbiologinnen und -biologen haben hier beachtliche gesangliche Fähigkeiten entwickelt. Ein geübtes Ohr hört, ob die Antwort von einem Einzelwolf oder einem Rudel kommt und ob Junge dabei sind oder nicht. Ende Sommer bis Anfang Herbst, entweder in den Morgenstunden zwischen fünf und sieben sowie abends zwischen 19 und 21 Uhr, sind die besten Zeiten für *howling sessions*. Tests in Frankreich ergaben, dass sich die Chance auf Antworten bis auf sechzig Prozent erhöht, wenn Jungwölfe im Rudel sind. Eine weitere Zählmethode basiert auf der genetischen Analyse von Kot, Haaren, Speichel oder anderem organischem Material, das die Wölfe im Gelände oder

14

an Beutetieren hinterlassen. Das fragliche Tier ist dabei individuell erkennbar. Man weiß somit genau, wie viele Wölfe mindestens im Gebiet leben. Mit statistischen Methoden lässt sich aber auch der gesamte Bestand grob abschätzen. Sie basieren auf dem «Fund-Wiederfund»-Prinzip: Manche Wölfe lassen sich bloß einmal nachweisen, andere mehrmals. Gibt es viele Proben, die alle vom selben Wolf stammen, ist er wohl tatsächlich der einzige. Weist man andererseits jedes Mal ein anderes Individuum nach, ist davon auszugehen, dass längst nicht alle erfasst wurden. Die Realität liegt irgendwo dazwischen, berechenbar aufgrund des Verhältnisses zwischen der Anzahl einmaliger, zwei- und mehrmaliger Nachweise einzelner Individuen.

In den französischen Alpen erfolgt alljährlich ein *suivi hivernal* durch Absuchen der Wolfsgebiete nach Fährten und ein *suivi estival* durch imitiertes Heulen. Um die 1000 Mitarbeiterinnen und Mitarbeiter des *réseau loups* sind dafür jeweils im Gelände unterwegs. Im Winter 2009/2010 lebten in den Zählgebieten mindestens 62 bis 74 Wölfe. Dies bedeutet einen leichten Rückgang gegenüber dem Rekordstand im Winter zuvor: Damals hatte man mindestens 73 bis 80 Individuen ermittelt. Hinzu kommen Einzeltiere in anderen Regionen. Insgesamt dürfte der Wolfsbestand Frankreichs derzeit bei 150 Individuen liegen. Die akustischen Erhebungen im Spätsommer 2009 hatten sieben Fortpflanzungsnachweise erbracht, fünf weniger als ein Jahr zuvor. Für das Monitoring der räumlichen Entwicklung werden permanent besiedelte Gebiete von solchen mit vorübergehender Wolfspräsenz unterschieden. Im Winter 2009/2010 waren 27 Gebiete permanent besiedelt, eines mehr als im Vorjahr. Von diesen waren zwanzig von Paaren oder Rudeln bewohnt, die übrigen von Einzelwölfen.

Begegnungen

«Als ich wieder aufblickte, stand ein Wolf
in etwa 120 Meter Entfernung am Fluss und
schaute aufs Wasser.»

Stephan Kaasche, Naturführer, aktives Mitglied im Verein Freundeskreis Lausitzer Wölfe,

Oberlausitz, Sommer 2006

Im Sommer 2006 hatte eine Wolfsexkursion etwas länger als üblich gedauert, sodass ich am frühen Abend noch im Gebiet war. Auf diesen Exkursionen sehen wir jeweils keine Wölfe, sondern suchen nach Wolfsspuren und machen damit die Anwesenheit der Wölfe erlebbar. Vielleicht aber würde ich an diesem warmen und windstillen Abend Glück haben und einen Wolf beobachten können. Spontan entschied ich mich zu bleiben. Ich nahm mein Fahrrad und fuhr eine Viertelstunde durch die sandige Heidelandschaft bis zu einem Fluss. Auf dem Weg überflogen mich drei Wiedehopfe. Am Fluss angekommen, setzte ich mich auf den Damm ins hohe Gras. Im Laufe des Abends sah ich fünf Rehe, eines mit Kitz, zwei prachtvolle Rothirsche, eine Hirschkuh mit Kalb, am Horizont eine Rotte Wildschweine, die den Fluss zügig durchquerten. Im Fluss schwamm ein Fischotter stromaufwärts. Und dann, genau gegenüber am anderen Ufer, tönte aus dem Wald ein Geknurre und ein Jauchzen. Ich erkannte die Wolfsstimmen sofort und spähte in die Dämmerung. Etwa drei Minuten dauerten die eigenartigen Geräusche an. Da waren sie also, die Wölfe, aber sehen konnte ich sie nicht. Als es dann eine Viertelstunde später schon fast dunkel war, nahm ich mein Fahrrad und fuhr nach

Hause. Ich war sehr glücklich. Ich hatte zwar keine Wölfe gesehen, wusste aber, dass sie da waren, ganz in meiner Nähe.

Am nächsten Abend fuhr ich zur gleichen Stelle. Dieses Mal waren wider Erwarten kaum Tiere zu sehen, außer ein paar Tauben und umherziehende Stockenten. Nachdem ich etwa zwei Stunden gewartet hatte, erschien ein Reh, witterte mich und schreckte immer wieder mit heiseren Schreien in meiner Nähe. Ich dachte mir, dass die Wölfe nun nicht kommen würden, da das Reh bestimmt alle Waldtiere gewarnt hatte. So nahm ich mein Handy und schrieb meiner Freundin, dass ich bald nach Hause kommen würde.

Als ich wieder aufblickte, stand ein Wolf in etwa 120 Meter Entfernung am Fluss und schaute aufs Wasser. Er muss mindestens hundert Meter über eine Wiese gelaufen sein, ohne dass ich ihn bemerkt hatte. Er stand etwa eine halbe Minute am Fluss, dann ging er zum Wasser und fing an zu trinken. Ich sah ihn trotz des Fernglases nicht mehr, denn er stand mitten im Sumpfpflanzengürtel, aber ich hörte, wie es gleichmäßig schlabberte. Als ich ihn wieder sah, durchquerte er den Fluss, immer noch trinkend. Der Fluss ist an dieser Stelle nicht sehr tief, der Wolf berührte mit dem Bauch nicht einmal das Wasser.

Auf der anderen Flussseite blieb er stehen und schnupperte langsam umhergehend am Boden. Dann lief er dem Ufer entlang in meine Richtung. Nach vielleicht zehn Metern urinierte er, indem er sich hinhockte, wie weibliche Hunde das machen. Der Wolf lief noch etwa dreißig Meter unten am Fluss entlang, dann wechselte er auf den Damm und bewegte sich weiter in meine Richtung. Besonders beeindruckend fand ich die Hinterbeine, die sehr kräftig wirkten.

Nun war er schon ganz nahe. Bald würde er mich bemerken und wegrennen. Ich entschied mich deshalb, ein Foto zu machen, nahm meinen Fotoapparat, stand aus dem hohen Gras auf und fotografierte. Sofort entfernte sich der Wolf im Galopp über einen Wildacker, wobei er nicht panisch reagierte, sondern nur zügiger weglief, um schließlich im nahen Wald zu verschwinden.

Bär, Luchs, Wildkatze, Vielfraß, Otter, Marder – die Raubtiere Europas leben normalerweise als Einzelgänger, verbringen nur die Paarungszeit zu zweit, und die Jungtiere machen sich selbstständig, bevor der nächste Wurf da ist. Nicht so der Wolf.

Rudel und Revier

1

Bei den Wölfen bleiben Rüde und Wölfin zusammen, und zumindest in guten Zeiten müssen die – voll ausgewachsenen – einjährigen Wölfe die Familie nicht verlassen, wenn ihre Mutter wieder wirft. Es kommt vor, dass ein Jungwolf erst im Alter von viereinhalb Jahren auszieht. So entstehen Familienverbände in wechselnder Besetzung: das Elternpaar, die Welpen plus einige ihrer älteren Geschwister.

Das Rudel, eine Fressgemeinschaft

Welche Vorteile bringt dies dem Wolf? Die Organisation in Rudeln erlaube es, Großwild zu erbeuten, ist eine gängige Erklärung. Im Zweikampf ist ein Elch dem Wolf hoch überlegen, nicht aber, wenn ein ganzes Rudel angreift. So kann der Wolf eine Nahrungsquelle nutzen, die für Einzeljäger nicht zugänglich ist. Wölfe sind gemeinsam stark.

Doch das sind sie gar nicht unbedingt. Im Sommer gehen die Wölfe ohnehin nicht gemeinsam auf die Jagd, sondern allein oder zu zweit und besammeln sich erst danach wieder beim Bau, wo die Welpen warten, oder beim Treffpunkt, wo man gemeinsam heult. Bloß im Winter ziehen sie als Rudel durch ihr Revier. Wer in der Gruppe jagt, muss danach die Beute teilen. Das lohnt sich, wenn es pro Kopf mehr zu verteilen gibt, als jeder für sich allein reißen könnte. Untersuchungen haben gezeigt, dass dies bei den Wölfen nicht der Fall ist. Allein auf der Jagd, kriegen die Wölfe mehr Futter als im Rudel, und je größer dieses ist, desto weniger schaut für den Einzelnen heraus. Am besten schneiden die Paare ab: Ein Wolfspaar ist durchaus in der Lage, einen Elch oder gar einen Bison zu reißen, für eine effiziente Jagd braucht es keine Helfer.

Wohl aber für die Verwertung der Beute. An einem toten Elch können sich mehr Wölfe den Magen vollschlagen als ein Paar mit den Jungen aus einem einzigen Wurf. Manchmal verstecken oder vergraben Wölfe Futterbrocken, legen so Vorräte an, doch das ist mühsam, und die Verluste sind hoch. Den Überschuss eigenen Nachkommen zu überlassen macht mehr Sinn, als damit Raben und andere Aasfresser zu füttern. Diese fressen bis zu zwei Drittel einer Beute, die ein Einzelwolf gerissen hat. Bei einem zehnköpfigen Rudel, dessen Beuteverwertung näher untersucht wurde, waren es bloß zehn Prozent. Wolfsrudel wären demnach in ihrem Ursprung Fressgemeinschaften. Das Großwild hat den Wolf nicht genötigt, Rudel zu bilden – es hat dies ermöglicht.

1 Wolfsrudel können ihre Beute besser nutzen als Einzeltiere.
2|3 Nach der Mahlzeit eines Rudels bleiben kaum Reste, die an Aasfresser (links Kolkrabe, rechts Fuchs) verloren gehen.

2

3

4   Wolfswelpen 20 Tage
    nach der Geburt.
5   Im Alter von drei bis
    vier Wochen wagen
    sich die Welpen erst-
    mals vor die Höhle.
6   Fünf Monate alter
    Jungwolf.

4

Welpen, Jungwölfe und Rudelgröße

Solange sie in der Familie bleiben, sind Jungwölfe von der Fortpflanzung ausgeschlossen. Doch das sind sie in den ersten Lebensjahren ohnehin. Obschon Wölfe in Gefangenschaft schon als Jährlinge geschlechtsreif werden können, pflanzen sie sich in der freien Wildbahn üblicherweise erstmals im Alter von zwei bis fünf Jahren fort, und je älter die Wölfin ist, desto größer ist ihr Fortpflanzungserfolg.

Eine verlängerte Lehrzeit bei den Eltern erhöht die Chancen, im Leben zu reüssieren, das heißt, selbst Nachkommen großzuziehen. Im Superior National Forest in Minnesota USA gelingt dies etwa zwei Dritteln der spät ausziehenden Wölfe, aber bloß einem Viertel von denen, die bereits als Jährlinge abwandern. Somit gewinnen auch die Wolfseltern, wenn sie den Nachwuchs möglichst lange versorgen. Sie bringen so mehr von ihrem Erbgut in die folgenden Generationen.

5

6

Das funktioniert natürlich nur, wenn genug Nahrung da ist. Wird die Beute knapp, sorgt das Elternpaar zuerst für sich und die Welpen. Die anderen müssen dann gehen. Die meisten Jungwölfe verlassen das Rudel im Alter zwischen 11 und 24 Monaten. Die Ablösung ist ein Prozess, beginnt vielleicht mit ein paar kurzen Abstechern, längeren Erkundungstouren, nach denen man aber wieder beim Rudel auftaucht, bevor es zum definitiven Abgang kommt.

Wer Glück hat, findet einen verwaisten Partner in einem anderen Revier und ist damit rasch am Ziel. Andere schweifen als einsame Wölfe monatelang herum, geraten dabei immer wieder in besetzte Reviere, mit deren Besitzern jeder Kontakt tunlichst zu vermeiden ist. Wieder andere versuchen in einem Randbereich des elterlichen Reviers sesshaft zu werden, einen Teil davon abzuspalten. Und schließlich gibt es die Kolonisatoren, die das Heil in der Ferne suchen (siehe Seite 35 ff.).

In den französischen Alpen sind zwanzig bis vierzig Prozent aller Wölfe solche Singles. Sie leben gefährlich. Rudelfremde Wölfe werden von den

7 Siesta auf einem gefrorenen See im Mount Robson Provincial Park in Kanada.
8 Mütterliche Autorität: Der etwa einjährige Jungwolf im Jasper Nationalpark in Kanada zeigt sich unterwürfig gegenüber seiner Mutter.

Revierinhabern attackiert oder gar totgebissen, wenn es zu einer Begegnung kommt – es sei denn, ein Leittier stirbt und muss ersetzt werden. Manchmal nimmt aber auch ein intaktes Rudel einen Fremdling freundlich bei sich auf. Die Adoptierten sind meistens männlich. In einer Population in Alaska fand ein Fünftel aller Wölfe, die ihr Rudel verlassen hatten, zumindest vorübergehend Aufnahme bei einem anderen.

Nur das dominante Elternpaar pflanzt sich fort, doch auch diese Regel kennt Ausnahmen. In besonderen Situationen, etwa bei besonders üppigem Nahrungsangebot, kann noch eine zweite Wölfin werfen. Meist dürfte dies eine Tochter der Leitwölfin sein, doch dass sie sich mit dem eigenen Vater paart, ist wohl die Ausnahme. Die Ergebnisse genetischer Untersuchungen legen nahe, dass Inzest eher selten vorkommt. Eher kommt in solchen Fällen wohl ein adoptierter Rüde zum Zug.

Die kleinsten Wolfsrudel zählen drei Tiere, das Paar und das einzige überlebende Jungtier. Das andere Extrem markiert ein nordamerikanisches Rudel, das Bisons jagte, mit zeitweise 42 Individuen. Tendenziell sind Rudel, die sich hauptsächlich von kapitalen Beutetieren wie Bison und Elch ernähren, größer als solche, die Hirsche und Wildschweine jagen, doch ein allgemeiner Zusammenhang zwischen Rudel- und Beutegröße gibt es nicht. Sehr kopfstarke Rudel in Alaska leben von Dall-Schafen, die nicht größer sind als ein Hirsch. Die Bandbreite für weitaus die meisten Rudel liegt zwischen drei und

7

8

neun Individuen. Wie alles in Amerika sind hier auch die Wolfsrudel im Durchschnitt größer als in Europa. Das größte bisher in den Alpen beobachtete zählte zeitweise acht Wölfe. Es lebt im Val Pesio in den ligurischen Alpen.

Wölfinnen werden nur einmal im Jahr läufig. In Mitteleuropa findet die Verpaarung in der Regel Ende Februar/Anfang März statt. Nach zwei Monaten Tragzeit werden Ende April/Anfang Mai meist vier bis sechs Welpen geboren. Als Wurfhöhle dient meist ein Erdbau, den manchmal ein Fuchs gegraben und die Wölfin später nach ihren Bedürfnissen erweitert hat.

Welpen sind bei Geburt etwa ein Pfund schwer. Sie müssen danach fast rasend schnell zunehmen, damit sie im Herbst groß und stark genug sind, um dem Rudel auf seine Beutegänge zu folgen. Die Vorjährigen helfen bei der Versorgung des nächsten Wurfs so eifrig, als ob sie selbst die Eltern wären.

9

9 Im Sommer ziehen
die Wölfe in der Regel
einzeln durch das
Rudelrevier, doch im
Winter wandert man
gemeinsam und oft
in Einerkolonne.

Sie bringen Futter oder würgen davon aus, wenn sie angebettelt werden, spielen mit Welpen, passen vor der Höhle auf sie auf. Das Hormon Prolaktin dürfte hier am Werk sein, das im Frühling im Körper aller Wölfe, auch der Rüden, ausgeschüttet wird. Es regt die Milchproduktion der Mutter an, löst aber auch bei den anderen Weibchen und den Männchen ein Brutpflegeverhalten aus.

10|11 Lernen im Spiel: Neun
Wochen alte Welpen
in der Oberlausitz.

12 Neun Wochen alter
Welpe, ebenfalls in
der Oberlausitz.

13 Wurfhöhle, aufge-
nommen im Banff
Nationalpark, Kanada.

Sozialverhalten

Wölfe sind soziale Wesen. Rudelmitglieder müssen miteinander kooperieren, sonst geht es allen schlecht. Ein Band der Sympathie, ähnlich dem Band der Zuneigung, das menschliche Familien zusammenhält, verbindet die Mitglieder untereinander. Den Elterntieren wird Respekt entgegengebracht.

Ein hoch entwickeltes Kommunikationssystem beugt Streitereien vor. Die Wolfssprache ist überaus reich an optischen, akustischen und chemischen Signalen. Mit ihrer Mimik, der Stellung von Ohren und Schwanz, mit Imponier-, Droh- und Demutsgesten teilen sich die Wölfe einander mit, geben ihre Stimmung bekannt, bestätigen einander die Rangverhältnisse. Fürs Ohr wird das mit Winseln, Wuff-, Knurr- und Schreilauten untermalt.

Gemeinsames Singen verbindet. Das Gemeinschaftsgefühl zu stärken ist eine von mehreren Funktionen des Wolfsgeheuls (wie es tönt, ist unter www.wild.unizh.ch/wolf/d/index_d2.htm > Biologie > Verhalten zu hören).

16

14–16 Über kürzere Strecken können Wölfe Geschwindigkeiten um 50 Kilometer pro Stunde erreichen – hier startet ein Wolf zum Angriff.

17 Mimik in der Wolfssprache: Zähneblecken und aufgerissenes Maul sind Zeichen der Aggression, zurückgelegte Ohren Zeichen der Angst.

17

18

19

20

Territorium

Jedes Wolfsrudel beansprucht ein eigenes Territorium, das es gegen andere Wölfe verteidigt. So ist der Zahl der Rudel, die in einem Gebiet leben können, eine Grenze gesetzt. Sind die Beutetiere zahlreich, kann sich ein Rudel mit einem vergleichsweise kleinen Territorium begnügen. In den Wolfsgebieten Polens reichen 100 bis 350 Quadratkilometer, in Skandinavien braucht es zuweilen nahezu 2000 Quadratkilometer, in den französischen Alpen sind es im Schnitt ungefähr 200 Quadratkilometer und bei den zwei ersten Rudeln, die sich in der Oberlausitz in Deutschland gebildet haben, 240 bzw. 330 Quadratkilometer.

Um territoriale Konflikte zu vermeiden, werden die Reviere mit Urin und Kot markiert, vor allem entlang der Grenzen. Und auch das Heulen steht im Dienst der Reviermarkierung – ähnlich wie der Gesang der Vögel.

18 Heulender Jungwolf im Banff Nationalpark in Kanada: Das Tier war für eine Weile allein unterwegs und suchte Kontakt zu seinem Rudel. Kurz darauf kam die Antwort von seinem ein Jahr älteren Bruder.

19 Auch diese Gehegewölfe im Calgary Zoo in Kanada pflegen das gemeinsame Heulen.

20 Der Jungwolf unterwirft sich seiner Mutter.

21 Geruchliche Kommunikation: Mit Urin oder Kot markieren Wölfe ihr Territorium. Entlang der Reviergrenzen tun sie das viel häufiger als im Zentrum. Der von einem Wolfsrudel im Jasper Nationalpark markierte Felsblock ist ein Grenzstein für fremde Wölfe.

21

Langstreckenläufer

22

22 Im Winter sind Wölfe
sechs bis zwölf Stun-
den pro Tag unterwegs.

Sein Körper macht den Wolf zu einem ausdau-
ernden Langstreckenläufer. Auf seinen langen
Beinen kann er mit weit ausgreifenden Schritten
mühelos stundenlang dahintraben. Acht bis
neun Kilometer pro Stunde bringt er so hinter
sich, mehrere Dutzend in einer Nacht. Wie der
Fuchs «schnürt» er dabei: Die Hinterpfote wird
exakt in die jeweilige Vorderpfote gesetzt.

Die Spur im Schnee kann denn über Kilometer
fadengerade durchs Gelände verlaufen – anders
als beim Hund, der sich in der Regel unstet und
mit Kurven und Schlenkern fortbewegt.

Wandernd verbringen Wölfe einen großen Teil
ihrer wachen Zeit, hauptsächlich im Winter.
Dann sind amerikanische Wölfe sechs bis zwölf
Stunden pro Tag unterwegs.

Im Sommer ziehen die Wölfe in der Regel einzeln
durch das Rudelrevier und kehren regelmäßig
zu den Welpen zurück. Im Winter wandert man
dann gemeinsam, oft in Einerkolonne, wobei
jedes Tier seine Pfoten in die Spur des Vorgän-
gers setzt. Es kommt vor, dass ein siebenköpfiges Rudel eine Fährte in den Schnee legt, die
aussieht, als stamme sie von einem Einzelwolf.

Begegnungen

«Der Wolf ging auf einem Bergweg, weiter oben in den Felsblöcken stand ein Rudel Gämsen. Er beachtete sie nicht.»

Georg Sutter, Wildhüter

Im Winter 2002 entdeckte der kantonale Wildhüter Georg Sutter in seinem zugeteilten Bezirk in der Surselva GR neben einem gerissenen Hirsch Trittsiegel eines großen hundeartigen Tiers. Im August danach kam es dann auf verschiedenen Alpen zu Attacken eines größeren Tiers auf Schafe. Im Herbst, während der Jagd, berichteten dann mehrere Jäger von Wolfsbeobachtungen. Die genetische Analyse eines Kotfunds im Dezember brachte die Gewissheit: Ein Wolfsrüde italienischer Abstammung war im Land.

Im Juli 2003 bekam Georg Sutter den Wolf erstmals zu Gesicht. «Es war in einem Wildschutzgebiet. Ich war dabei, den Wildbestand zu kontrollieren. Das Fernrohr war auf einen Hirsch gerichtet, der sich unter einer Felswand neben einer Fichte hingelegt hatte – einen starken Stier, noch im Bast. Plötzlich sah ich, dass sich etwa fünfzig Meter unterhalb davon etwas bewegte. Es war der Wolf. Eine Weile lang saß er da, dann zog er über eine Kante hangaufwärts und verschwand in einem kleinen Tobel. Kurz danach wurde er auf dem gegenüberliegenden Talhang wieder sichtbar. Der Wolf ging auf einem Bergweg, weiter oben in den Felsblöcken stand ein Rudel Gämsen. Er beachtete sie nicht.

Die Gämsen waren nicht im Geringsten beunruhigt: Sie hatten genau gemerkt, dass der Wolf kein Interesse an ihnen hatte. In den Felsen waren sie einigermaßen sicher, aber er hätte versuchen können, die Tiere herauszusprengen. Doch ihm war nicht danach. Der Wolf zog gemächlich weiter, hielt hin und wieder an, um etwas zu schnuppern, schließlich verschwand er aus dem Blickfeld.»

Der Wolf blieb rund acht Jahre lang in der Surselva. Ab Sommer 2003 wurden die Schaf- und Ziegenalpen in seinem Streifgebiet behirtet und von Herdenschutzhunden bewacht. Hin und wieder gelang es dem Wolf dennoch, ein Tier zu reißen. 2006 waren es deren elf, danach erwischte er nur noch ein

23 Georg Sutter unter-
wegs im Gebiet des
Surselvawolfs, beglei-
tet von seinem Hund
Ares – nach einen
vorzeitigen Schneefall
Ende August.
24 Surselva im Winter.

einziges Tier im Jahr 2008 – bei insgesamt 1700 gesömmerten Schafen und Ziegen.

Bis Ende 2009 wurde der Surselva-Wolf regelmäßig gesichtet oder gespürt, doch im Frühling 2010 verlor sich seine Spur. Das inzwischen mindestens zehn Jahre alt gewordene Tier ist höchstwahrscheinlich verstorben.

In all den Jahren behielt das Tier im Auge, folgte seinen Fährten mit Schneeschuhen oder Skis, untersuchte seine Risse, sammelte Kot und Haare und ging allen Meldungen von Wolfsbeobachtern nach. So wurde er allmählich mit seinem Wesen vertraut. Im Dezember 2007 fasste er seine Erlebnisse und Erfahrungen über den Surselva-Wolf für dieses Buch zusammen: «Jährlich registriere ich etwa sechzig bis siebzig Nachweise seiner Anwesenheit: gerissene Beutetiere, Fährten im Schnee, Kot, Fotos von der Fotofalle. Wenn jemand einen Wolf gesehen haben will, gehe ich der Sache nach und nehme die Beobachtung nur auf, wenn ich sie – zum Beispiel anhand der Spuren – bestätigen kann. Mittlerweile habe ich ein recht präzises Bild von seinem Verhalten.

Sein Territorium misst etwa 180 bis 200 Quadratkilometer. Besonders im Winter streift er sehr weit herum. Das ist seine Strategie. Der Wolf will seine Beutetiere nicht verunsichern. Innerhalb seines Territoriums könnte er im Prinzip über den ganzen Winter in einem quadratkilometergroßen Raum bleiben, es hätte da genug Hirsche – doch sie würden bald extrem scheu. Deshalb verteilt der Wolf den Jagddruck räumlich, reißt einmal hier einen Hirsch, wechselt dann in ein anderes Tal, holt sich da seine nächste Beute und kommt dann erst nach vielleicht drei bis vier Wochen an den Ausgangsort zurück, um hier erneut Beute zu machen.

Der Surselvawolf hat sozusagen drei Stützpunkte in seinem Revier. Es sind steile, felsdurchsetzte, vom Menschen wenig begangene Wälder, wo er tagsüber wenig gestört wird. Von da aus geht er nachts auf seine Streiftouren oder kehrt zur Beute zurück, solange noch etwas Fressbares vorhanden ist. Nach ein paar Tagen wechselt er dann zum nächsten Stützpunkt.

Grundsätzlich ist der Wolf dort, wo die Hirsche sind. Deren Sommer- und Wintereinstände decken sich weitgehend mit seinem jeweiligen Aufenthaltsgebiet. Im Herbst kommt er zusammen mit den Hirschen herunter ins Tal. Der Wolf hat auch gemerkt, dass in dieser Zeit entlang der Straße und der Bahnlinie immer wieder überfahrene Tiere zu finden sind. Ab Mai ziehen Jäger und Beute dann

23

24

wieder bergwärts bis weit über die Waldgrenze. Der Herbst 2006 war es trocken, bis in den Januar schneite es kaum. Die Hirsche blieben deshalb oben, was die Herbstjagd auf Hirschwild erschwerte. Auch der Wolf blieb damals bis Ende Jahr über der Waldgrenze.

Der Surselvawolf ist durch seine Gewohnheiten ein Stück weit kalkulierbar. Er hat seine Orte, an denen er markiert und Kot absetzt, und er benutzt vielfach die gleichen Wege. Manchmal ist er auch noch im Verlauf des Vormittags unterwegs. Bei solchen Gelegenheit wird er zuweilen gesehen. Auch jahreszeitlich tritt er sehr regelmäßig auf. An gewissen Stellen kommt er fast auf das Datum genau alljährlich vorbei. Ich weiß deshalb ungefähr, wo er sich gerade aufhält. Wenn dann zum Beispiel ein wenig Schnee fällt, suche ich das fragliche Gebiet nach Spuren ab und werde oft fündig. Dieses Sich-Wiederholende an seinem Verhalten ist schon sehr erstaunlich.

Im November 2005 kreuzte ein zweiter Wolf in seinem Gebiet auf. Die Fährte zeigte, dass er hinkte. Es lag damals schon überall Schnee, wir waren dem Tier mehrheitlich auf den Fersen. Die Wanderung ging quer durch ganz Graubünden, von der Surselva bis ins Münstertal, wo der Wolf Ende Dezember über die Landesgrenze ins Südtirol wechselte. Das Erstaunliche war, dass auf der ganzen Strecke keine Risse gefunden wurden. Ob der ansässige Wolf etwas davon gespürt hat? Auffallend war, dass er in der Zeit, als der Fremdling sich in seinem Revier aufhielt, sehr viel unterwegs war, von einem Teilgebiet ins andere wechselte und extrem oft markierte.

Auch heulen hört man ihn gelegentlich. In einem Dorf gibt es einen Zwinger mit Schlittenhunden. Die heulen viel, immer dann, wenn die Kirchenglocken läuten oder wenn das Futter kommt. Einmal war ich auf der Alp oberhalb des Dorfs, und plötzlich hörte ich, wie der Wolf den Hunden antwortete.

Im Sommer findet man in seinem Kot zahlreiche Haare und auch Knöchelchen von Murmeltieren, aber auch von Gämsen. Ich denke, dass er dann gar nicht

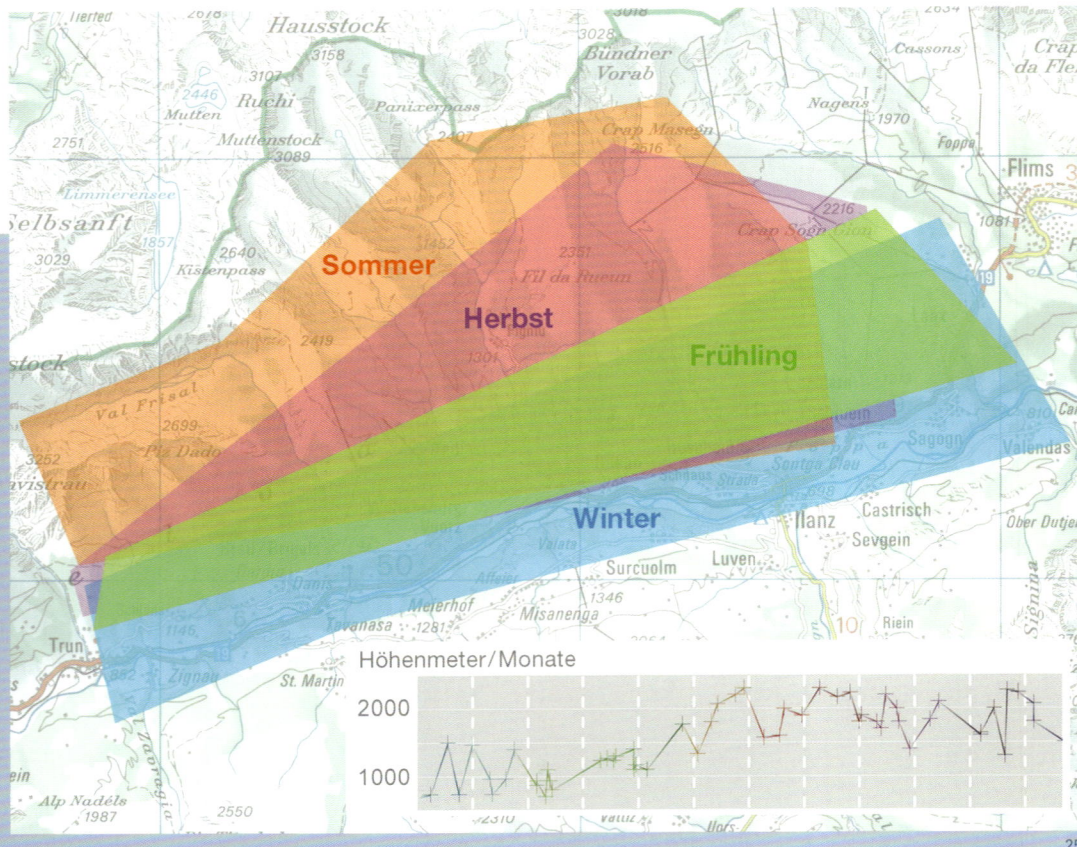

25 Saisonale Reviernutzung und Höhenverbreitung des Surselvawolfs: Im Sommer steigt er über die Waldgrenze, im Winter zieht er ins Tal.

26 Der Surselvawolf Ende August 2006: Damals gelangen Peter A. Dettling einige der ersten Fotos von einem wild lebenden Wolf in der Schweiz.

27 11. Mai 2005, 23 Uhr 31: Der Surselvawolf hat eine Fotofalle ausgelöst.

so viele Hirsche reißt. Das Nahrungsspektrum ist breit. Aber die Hauptbeute, vor allem im Winter bis in den Frühling, ist doch der Hirsch. Auch Rehrisse habe ich schon gefunden, aber ich glaube nicht, dass der Surselvawolf das Reh übermäßig stark bejagt. Die Rehe können sich sehr gut im Dickicht in Sicherheit bringen, besonders in den Windwurfflächen des Sturms Vivian aus dem Jahr 1990, wo mittlerweile üppiges und dichtes Gehölz aufgekommen ist. Diese Flächen sind schlecht zugänglich für den Wolf. Nur wenn die Rehe draußen auf den Wiesen und Weiden sind, hat er Chancen, eines zu erwischen.

2004 begann ich, Fotofallen aufzustellen. Damals kannte ich bereits viele Wechsel, die er immer wieder begeht – Forststraßen, aber auch Bergwege und Wanderpfade. Im Frühling gelang das erste Bild. Später stellte ich dann auch an gefundenen Rissen Fotofallen auf. Es ist ein Vorurteil, zu glauben, ein Wolf töte mehr, als er zur Ernährung brauche, und lasse die Beute größtenteils ungenutzt. Er frisst sie durchaus vollständig, wenn er nicht gestört wird. In einem Fall kehrte er noch nach zwei Wochen an ein gerissenes Hirschkalb zurück. Nach dem Riss markiert er die Beute mit Urin. Etwa drei Tage lang hält dies Aasfresser ab, doch danach geht es schnell. Adler, Uhu und andere Greifvögel sowie Krähen und vor allem Füchse nutzen seine Beute mit.

Von den Hirschen erbeutet der Wolf hauptsächlich Kälber. Ausgewachsene Tiere kann er als Einzelgänger nur in speziellen Situationen überwältigen, etwa an Stellen, wo ein Wechsel einen Bach mit viel Geröll quert. Hier sind die Hirsche

26

eher angreifbar. Der Wolf hat gelernt, wo sich diese Stellen befinden, und da habe ich tatsächlich auch schon Kadaver von ausgewachsenen Kühen gefunden.

Der Wolf ist nicht, wie dies oft so dargestellt wird, ein blutrünstiges, dauernd zähnefletschendes Wesen, das wie eine Meute Hunde allem nachhetzt und alles reißt, was sich bewegt. Er schleicht sich an, erkennt rasch, ob er Chancen hat oder nicht. Das Beutetier muss irgendeine Schwäche zeigen, sei es, dass es noch jung und gerade ungeschützt ist oder dass es krank ist, bei der Jagd oder im Verkehr verletzt wurde. Der Angriff erfolgt dann sehr effizient. Im Spurenbild habe ich schon viereinhalb Meter weite Sprünge festgestellt, und das im tiefen Neuschnee.

Nach einem Riss ist wieder für längere Zeit Ruhe. Die Wildtiere in der Surselva wirken denn auch keineswegs dauernd beunruhigt. Ich konnte beobachten, dass Hirsche ruhig auf Weiden ästen, obschon in der Nähe ein Riss vom Vorabend lag. Gewisse Abwehrstrategien zeigen die Tiere aber doch. Wenn sie im Frühling verstreut auf den Weiden sind und der Wolf kommt, flüchten sie nicht, sondern schließen sich enger zusammen. So sind sie sicher vor Angriffen. Die Hirsche sind auch aufmerksamer geworden. Mindestens ein Tier einer Gruppe ist immer am Sichern.

Dass die Hirsche in der Surselva seinetwegen nicht gestresst sind, zeigt sich auch bei Tieren, die bei der Jagd erlegt werden. Die Kühe zeigen gute Gewichte, das heißt, sie sind in guter Kondition. Und auf die Zahl der Tiere hatte der Wolf bisher keinen Einfluss, die Bestände sind derzeit gut bis hoch und stabil.»

27

Raubtier und Beute sind als Arten nicht Feinde, sondern Partner einer ökologischen Beziehung. Sie prägen sich gegenseitig und brauchen einander.

Wolfshunger

1 Heulender Wolf neben
Bisons im Nationalpark
Yellowstone, USA.
Die Bisons scheint dies
nicht groß zu beein-
drucken.

Der aufgrund der Physiologie des Wolfs errechnete Nahrungsbedarf liegt bei durchschnittlich 3,25 Kilogramm Fleisch pro Tag. Freilanduntersuchungen bestätigen diesen Wert: Als in einer kargen Zeit die tägliche Nahrungsauf-nahme bei einem Wolfsrudel in Minnesota USA unter 3,2 Kilogramm fiel, begann das Rudel zu schrumpfen. Die Sterblichkeit nahm zu, der Fortpflan-zungserfolg ab. Etwas höher liegen die Werte, welche die Wolfsforscher in der freien Wildbahn mithilfe der Radiotelemetrie (siehe Seite 18) erhoben. Man verfolgte die Rudel von Beute zu Beute und erfasste lückenlos, wie viel davon verzehrt wurde. Das Ergebnis war eine tägliche Nahrungsaufnahme von etwa fünf Kilogramm pro Wolf.

Wer so viel zum Fressen braucht, kann es sich nicht leisten, wählerisch zu sein. Die Wölfe in den Abruzzen haben in den 1970er-Jahren mit Abfall überlebt. Und nahezu jedes Tier – von der Maus bis zum Elch und zum Bison – ist eine potenzielle Beute.

2 Beutegeruch in der
Nase? Ein Wolf nimmt
Witterung auf. Wölfe
können Beutetiere bei
günstigen Windver-
hältnissen auf mehrere
Hundert Meter Distanz
riechen.

3 Zwei Wölfe bei einer
Herde Wapitis im
Yellowstone National-
park, USA.

2

3

Wolfsjagd

Um den Hunger zu stillen, riskieren Wölfe ihr Leben. Ein Elch ist zehnmal schwerer als ein Wolf und wehrhaft genug, um den Angreifer zu töten. Auch andere Beutearten können ihm gefährlich werden. Je höher der mögliche Gewinn, desto größer ist das Risiko. Wölfe müssen in der Lage sein, ihre Chancen zu erkennen. Zeigt ein Tier Schwäche? Ist es verletzt, ausgehungert, alt – oder jung und im Moment zu wenig beaufsichtigt vom wehrhaften Muttertier? Wölfe sind vor allem intelligente, lernfähige Jäger.

Haben sie einen Elch aufgespürt, pirschen sie sich vorsichtig an, um möglichst bis zum letzten Meter unbemerkt zu bleiben, was natürlich selten gelingt. Die Flucht des Beutetiers ist das Startsignal zur Hetzjagd. Ein Wolf bringt es für einen kurzen Sprint auf Spitzengeschwindigkeiten zwischen fünfzig bis sechzig Kilometer pro Stunde, Tempo vierzig hält er über ein bis zwei Kilometern durch. Doch der Elch ist noch schneller. Meistens gelingt es ihm, auf den ersten paar Hundert Metern die Wölfe so weit abzuhängen, dass diese aufgeben.

4

4 Begegnung unter Raub-
tieren im Yellowstone
Nationalpark, USA: Ein
Grizzly verteidigt seine
Mahlzeit gegen zwei
Wölfe. Oft profitieren
Bären vom Jagderfolg
der Wölfe, indem sie
ihnen die Beute
abspenstig machen.

5|6 Cool bleiben:
Diese Wapitikuh im
Yellowstone National-
park in den USA hat
rasch gemerkt, dass
der vorbeiziehende Wolf
nicht auf der Jagd ist.
Sie flieht nicht, bleibt
ruhig, und der Wolf
zieht seinen Weg.

Oft bleibt das Beutetier aber auch stehen und geht in Verteidigungsposition.
Die Wölfe sind dann vorsichtig, drohen dem Tier und versuchen, bei ihm die
Flucht auszulösen. Sie können dabei auch hartnäckig sein und stundenlang
auf eine Gelegenheit zur Attacke warten. Doch ein gesunder Elch wird auch
mit einem Dutzend Wölfen fertig.

Der Wolfsforscher David Mech rekonstruierte auf der Isle Royale USA aufgrund von Spuren und Direktbeobachtungen 131 Jagdversuche eines 15- bis
16-köpfigen Rudels. Dabei wurden nur sechs Elche getötet. In einigen Fällen
hatten die wachsamen Elche die Gefahr schon erkannt und sich getrollt, noch
bevor die Wölfe Witterung aufnehmen konnten. 36 stellten sich zum Kampf –
in allen Fällen wagten die Wölfe nicht anzugreifen. Auch weitaus die meisten
Fluchten waren erfolgreich.

Die Opfer von Wolfsangriffen sind nahezu immer Tiere, die in irgendeiner
Art verwundbar waren. Im Mount-McKinley-Gebiet in Alaska jagen die Wölfe
Wildschafe, hauptsächlich Lämmer und alte Tiere. Ein- bis achtjährige Tiere,
die Mehrheit der Population, machen bloß 14 Prozent der Beute aus. Von den
gerissenen Tieren sind zwei Drittel krank, wie Untersuchungen zeigten. Sie
leiden an Actinomykosis, einer Infektionskrankheit, die die Kieferknochen
befällt und das Wiederkäuen erschwert. So helfen die Wölfe, die Seuche in
Schach zu halten.

Von den Weißwedelhirschen des Algonquin Parks in Kanada sind rund
sechzig Prozent der Tiere im wehrfähigen Alter von ein bis vier Jahren. Ein
Tier dieser Altersklasse wird nur selten gerissen. Satt werden die Wölfe zu
85 Prozent von Kälbern und alten Tieren.

5

6

7 Wolf an erbeutetem Wapiti, Yellowstone Nationalpark, USA.

8 In den piemontesischen Alpen ist der Hirsch das wichtigste Beutetier.

Beutetiere

Ist die Beute erlegt, kann ein Wolf problemlos zehn Kilogramm Fleisch aufs Mal in den Magen stopfen. Das ist weder maßlos noch ungesund: Der Wolf frisst bei Jagdglück auf Vorrat, bei Nahrungsmangel kann er andererseits wochenlang fasten. Zudem ist alles, was im Magen ist, sicher vor den vielen Aasfressern, die umgehend vor Ort sind, wenn ein Beutetier nicht vollständig gefressen wird.

Huftiere, meist größere, bilden nahezu überall, wo Wölfe vorkommen, die Nahrungsbasis. In Europa sind es Hirsch, Gämse, Reh, Wildschwein und Schaf.

Regional gibt es unterschiedliche Muster: In den piemontesischen Alpen in **Italien** ist der Hirsch erste Wahl. Dies ergab die Analyse von 848 Kotproben, der Hinterlassenschaft zweier Wolfsrudel im Valle di Susa westlich von Turin. An zweiter Stelle kommt das Reh. Hirsche sind im fraglichen Gebiet weniger häufig als Rehe und Gämsen, bilden aber aufgrund ihrer Größe die rentablere Beute als das Reh; und die Gämse ist in ihrem felsigen Einstandsgebiet einigermaßen sicher vor Wolfsattacken. Der Anteil von Nutztieren an der Wolfsnahrung liegt im Jahresdurchschnitt bei lediglich sieben Prozent. In den Sommermonaten steigt er auf 19 Prozent an, doch wilde Huftiere werden weiterhin bevorzugt. Dies, obwohl Schafe zu dieser Zeit viel zahlreicher und auch leichter zu erbeuten sind als Rehe und Hirsche.

7

9 Im Kot des Surselva-
wolfs findet man
vor allem in den
Sommermonaten
auch regelmäßig
Haare und Knochen
von Murmeltieren.

10 Wolf mit seiner
Mahlzeit im Jasper
Nationalpark, Kanada.

9

Anders ist die Diät in den Abruzzen, in der Emilia-Romagna und in Kampa-
nien. Hier wurden die Mägen von mehreren Dutzend Wölfen begutachtet,
die Opfer von Verkehrsunfällen geworden waren. Überreste von Wildschweinen hatten den höchsten Volumenanteil am Mageninhalt. Es folgten Ziege,
Rind und Pferd. Larven von Fliegen und Aaskäfern fanden sich in einem
Fünftel der Proben, in denen auch Huftierreste zugegen waren. Das lässt
vermuten, dass die Wölfe einen Teil der Beute als Aas verzehrt hatten. Manchmal fand man auch Unverdauliches: Plastik- oder Stoffreste waren zusammen
mit Abfällen in die Mägen gelangt.

Die Wölfe im Nationalpark Mercantour in **Frankreich** haben seit den frühen 1990er-Jahren, als sie das Gebiet zu besiedeln begannen, ihre Ernährungs-
gewohnheiten stark verändert. Zunächst rissen sie vornehmlich Mufflons. An

10

ihnen ist viel Fleisch, und sie waren leicht zu erbeuten. Das Mufflon ist keine alpine Art, man hatte es in den Meeralpen eingebürgert. Innert Kürze dezimierten die Wölfe den Mufflonbestand im Nationalparkgebiet von 2000 auf ein paar Hundert Tiere. Danach stellten sie um auf die Gämse und begannen mehr und mehr auch Rehe, Steinwild und Hirsche zu jagen. Schafe sind im Sommer um ein Mehrfaches zahlreicher als wilde Huftiere. Dennoch ernähren sich die Wölfe auch dann bloß etwa hälftig von Schaffleisch.

Insgesamt leben die französischen Wölfe zu siebzig Prozent von wilden Beutetieren, gebietsweise kann Kleinvieh aber die Hälfte ausmachen. Rudel halten sich eher an Wildtiere als Einzelwölfe: Je größer das Rudel, desto höher ist der Anteil wild lebender Beute.

11   Bilden Hirsche die
      Beute, werden
      vorzugsweise Kälber
      gerissen.

In den 1990er-Jahren wurden im Nationalpark Białowieża in **Polen** zwölf Wölfe aus vier Rudeln radiotelemetrisch überwacht. Dabei fand man die Kadaver von insgesamt 269 Huftieren. Fast drei Viertel waren Hirsche, es folgten Wildschwein, Reh und Elch. Wie im Piemont wird auch hier der Hirsch gezielt bejagt, liegt doch dessen Anteil am gesamten Huftierbestand bloß bei 35 Prozent. Die von den Wölfen gerissenen Hirsche wogen im Schnitt 93 Kilogramm. Haustiere – Rinder – machen ein Prozent der Wolfsnahrung aus.

In den Bieszczady, einem Gebirge im Südosten des Landes, leben rund hundert Wölfe. Zahlreich sind auch Hirsch, Reh und Wildschwein, doch das weitaus häufigste Huftier ist das Schaf. Die Wölfe reißen jährlich mehrere Hundert Hirsche, Rehe und Wildschweine – aber weniger als fünfzig Schafe.

Die Wölfe in der Oberlausitz in **Deutschland** (siehe Seite 39) ernähren sich etwa hälftig von Rehen sowie je zu einem Viertel von Hirschen und Wildschweinen. Ein durchschnittlicher Wolf verzehrt dazu 62 Rehe, 9 Hirsche und 14 Wildschweine pro Jahr. Das Muskauer Rudel entnimmt den Wildbeständen im 330 Quadratkilometer großen Revier jährlich 372, 54 bzw. 84 Tiere, errechnete Ulrich Wotschikowsky 2006 in einem Gutachten zum Thema Wolf und Wild in der Oberlausitz. Bei allen drei Arten ist die Anzahl der von Jägern erlegten Tiere im fraglichen Gebiet deutlich höher, insgesamt beträgt sie etwa das Vierfache der Wolfsbeute. «Ausweislich der Jagdstrecken ist ein quantitativer Einfluss der Wölfe auf die Schalenwildpopulationen nicht erkennbar», schreibt der Wildbiologe. «Die Rotwildabschüsse haben im Muskauer Wolfsgebiet zugenommen, die Rehwildabschüsse sind in beiden Streifgebieten etwa gleich geblieben, die Abschüsse von Schwarzwild sind auf das Drei- bis Vierfache angestiegen.»

Für seine Masterarbeit an der Uni Neuenburg untersuchte der Zoologiestudent Blaise Hofer 81 Kotproben, gesammelt in den Jahren 2000 bis 2006 im Wallis, Tessin, Graubünden und angrenzenden Gebieten Italiens und Frankreichs. Sie zeigen, dass die Einzelwölfe, die sich zu dieser Zeit in der **Schweiz** aufhielten, hauptsächlich Hirsche und Rehe rissen. Das Reh kommt anteilsmäßig auf dem Menüplan der Wölfe häufiger vor als in der freien Wildbahn der betreffenden Gebiete. Für einen Einzelwolf ist ein Reh leichter zu erwischen als ein Hirsch.

Nahezu alle Untersuchungen über das Beutespektrum der Wölfe zeigen, dass ihnen wilde Huftiere lieber sind als Kleinvieh – wenn sie die Wahl haben. Dies mag mit der Scheu vor dem Menschen zusammenhängen. Im Wald fühlen sich die Wölfe sicherer.

Manchmal haben sie die Wahl allerdings nicht. Im Norden **Portugals** machen Nutztiere mangels wild lebender Beutearten gebietsweise bis zu

neunzig Prozent der Wolfsnahrung aus. In knapp sechzig bzw. nahezu hundert Prozent der Kotproben zweier Wolfsrudel, die zwischen April und Oktober 1996 gesammelt wurden, fanden sich Überreste von gerissenen Ziegen. Eines der beiden Rudel erbeutete auch regelmäßig Fohlen.

12   Im felsigen Gelände
     ist die Gämse
     einigermaßen sicher
     vor Wolfsattacken.

12

Jäger und Beute

Für die bevorzugte Beuteart ist der Wolf bisweilen ein bedeutender Sterblichkeitsfaktor. Bei den Hirschen im Nationalpark Białowieża gehen vierzig Prozent der Todesfälle auf das Konto der Wölfe, die vierzig Prozent des jährlichen Populationszuwachses abschöpfen. Auch bei den Hirschen im Valle di Susa im Piemont Italiens ist der Wolf die wichtigste Todesursache – sieht man ab von der Jagd. Dies ergab die Untersuchung von 177 im Verlauf von drei Wintern aufgefundenen Huftierkadavern. Jeder zweite tote Hirsch war einem Wolfsangriff erlegen.

Das heißt nicht, dass der Hirsch in den fraglichen Gebieten ohne Wolf entsprechend zahlreicher leben würde. Manch ein Tier, das dem Wolf zum Opfer gefallen ist, hätte den Winter danach ohnehin nicht überlebt. Der Nahrungsengpass setzt dann eine obere Schranke für den Bestand. Jedes Tier, das die Wölfe der Population entnehmen, macht einen Platz frei und erhöht so die Überlebenschancen der anderen. Fehlen große Beutegreifer, ist dafür die Wintersterblichkeit durch Hunger und Krankheiten höher und im Frühling danach der Fortpflanzungserfolg geringer.

Die Wechselwirkung zwischen Räuber und Beute ist eine komplexe Angelegenheit. Mit den Beständen wilder Huftiere geht es auf und ab, auch wenn ihre natürlichen Feinde fehlen. Die Witterung spielt eine zentrale Rolle. In harten Wintern verenden viele Tiere, und die Weibchen gehen mit wenig Reserven in die Trächtigkeit. Umgekehrt ist in milden Wintern die Überlebensrate hoch, die Weibchen sind im Frühling noch fit und werfen zahlreiche und starke Kitzen. Auch Krankheiten sind ein Faktor, und selbstverständlich reguliert auch die Jagd die Wildbestände.

Im Verhältnis, das sich zwischen Wolf und wilden Huftieren einspielen kann, gebe es eine enorme Bandbreite, schreibt der Wildbiologe Ulrich Wotschikowsky. Wölfe können die Zahl der Huftiere reduzieren, die Altersstruktur verschieben, die räumliche Verteilung verändern, und vieles mehr. «Wölfe sind effiziente Antagonisten ihrer Beutetiere.» Es kommt aber auch vor, dass Wildtierpopulationen trotz Wölfen zunehmen und hohe Besiedlungsdichten erreichen. Eine entscheidende Rolle spiele das zahlenmäßige Verhältnis zwischen Wölfen und Beutetieren. «Alternative Beute, Konkurrenz durch andere Beutegreifer und durch die Jagd sowie die Eigenarten des Lebensraums können das System jedoch stark modifizieren.»

Ein natürliches Langzeitexperiment

Die ganze Komplexität von Räuber-Beute-Beziehungen zeigt sich beispielhaft in der Geschichte von Wolf und Elch auf der Isle Royale im Norden der USA. Die bewaldete Insel in der Nordwestecke des Lake Superior ist 544 Quadratkilometer groß. 1912 gelangten ein paar Elche über das Eis oder schwimmend auf die Insel. Vor natürlichen Feinden sicher, vermehrten sie sich rasch, und dies zulasten der übrigen Tiere und der Umwelt. In den 1920er-Jahren waren es bereits mehrere Tausend. Zehn Jahre später hatten sie alles, was ihnen schmeckt, kahlgefressen. Es kamen die Hungerjahre, 1935 waren noch ein paar Hundert Elche übrig. Dank einem Waldbrand, der auf zwanzig Prozent der Inselfläche neue, üppige Weidegründe schuf, konnte sich die Population in den Jahren danach allmählich wieder erholen.

Im kalten Winter von 1948/49 gelangten Wölfe vom kanadischen Ufer her über den zugefrorenen See auf die Insel. Das war der Anlass zu einer Langzeitstudie, die Eingang in jedes Ökologie-Lehrbuch fand und heute immer noch weitergeführt wird. Gestartet wurde 1959. Damals lebten etwa zwanzig

13|14 Im Wallis leben mehr als 20000 Gämsen und gegen 6000 Hirsche. Das ist eine solide Nahrungsbasis für die Wolfsrudel, die sich hier schon bald bilden dürften.

Wölfe und 500 Elche im System. Anfänglich nahm der Bestand bei beiden Arten zu: Zu Beginn der 1970er-Jahre erreichte er beim Elch wieder 1500 Stück, danach ging es erneut abwärts. Zehn Jahre später war der Wolfsbestand oben. Fünfzig Wölfe waren im Spitzenjahr 1980 zu zählen. Nach einer Virusepidemie blieben ein Jahr später noch 14. Damit hatten es die Elche wieder leichter, ihre Zahl stieg wieder an und erreichte 1995 einen Höchststand von 2500 Tieren. Der Jahrhundertwinter 1995/96 raffte annähernd drei Viertel des Bestandes dahin.

Man erwartete nun, dass das reduzierte Beuteangebot auf den Wolfsbestand zurückschlagen würde. Doch diesmal spielte der Wolf nicht mit. Trotz geschmälertem Beuteangebot konnte er sich mit dreißig Tieren halten, mit der Elchpopulation ging es andererseits aber bereits nach wenigen Jahren und einem Maximum von bloß 1200 Exemplaren wieder abwärts. Die Population war in einem «predator pit» gefangen: Der natürliche Feind schöpfte den gesamten Zuwachs ab und verhinderte so eine Erholung.

2006 lebten noch lediglich 450 Elche auf der Isle Royale. Nicht nur der Wolf setzt den Tieren zu. Ein natürlicher Feind sind auch Zecken, die vom Klima der letzten Jahre profitierten, zu Zehntausenden an einem Elch Blut saugen und den Wirt so arg schwächen können. Damit wird es nun aber auch für die Wölfe wieder eng: Beutemangel ließ deren Zahl von dreißig im Jahr 2005 auf 21 im Winter danach schrumpfen. Seither ging es mit beiden Arten wieder leicht aufwärts. 2009 lebten 530 Elche und 24 Wölfe auf der Isle Royale. Fortsetzung folgt.

Raubtiere rotten ihre bevorzugten Beutearten nie aus. Aber sie haben Einfluss auf deren Verhalten und deren Zahl. Die beiden Antagonisten im System sind als Arten nicht Feinde, sondern Partner einer ökologischen Beziehung. Im Wechselspiel zwischen ihnen sorgt die natürliche Selektion dafür, dass sich auf der Räuberseite hauptsächlich die erfolgreichen Jäger fortpflanzen, auf der Seite der Beute die Vorsichtigen, die Wehrhaften, die flinken Flüchter oder die gut betreuten Jungtiere überleben – und mit ihnen deren Gene. So prägen sich Räuber und Beute gegenseitig. Wo große Beutegreifer fehlen, entfällt dieser Anpassungsdruck. Das Wild braucht für seine Entwicklung den Wolf.

www.isleroyalewolf.org

Wallis: Genug Wild für alle Jäger

Vierzig Wölfe und dreißig Luchse

Um die 30 000 wilde Huftiere leben im Wallis und machen den Kanton zu einem sehr guten Lebensraum für den Wolf. Was passiert, wenn dieser in alle Gebiete zurückkehrt, die für ihn geeignet sind? Um den Wildbestand müsse man sich keine Sorgen machen, auch wenn zeitweise lokale Bestandesschwankungen zu erwarten wären, heißt es in einem 2004 publizierten Bericht der kantonalen Wolfskommission. Eine demografische Analyse der Populationen zeigte, dass Raubtiere jährlich 675 Hirsche plus 1500 Gämsen plus 1500 Rehe reißen könnten, ohne die Jagdstrecke oder die Jagdplanung zu beeinflussen. Das würde für vierzig Wölfe und dreißig Luchse reichen.

13

14

Begegnungen

«Die paar Augenblicke genügten, um sich das Suchbild ‹Wolf› fürs Leben einzuprägen»

Josi Theler und Urs Zimmermann, Wildhüter, Oberwallis, April 2007

15   «Ein eher kurz wirkender, schwarz eingefasster Schwanz.»

Im April 2007 waren wir früher als in den vorigen Jahren mit den Hirschzählungen beschäftigt. Den ganzen Winter über war wenig Schnee gefallen, der im Frühjahr rasch wegschmolz. Im April zeigte das Thermometer fast schon Sommerwerte, und bis weit hinauf begann es zu grünen. So war das Wild früher als sonst in Richtung der Sommereinstände unterwegs.

In der Nacht des 18. Aprils galt es, den Hirschbestand auf der Simplon-Südseite aufzunehmen. Wir fuhren über den Simplonpass, um zeitig gegen Mitternacht im Zwischbergental mit der Zählung beginnen zu können. Bei dieser Zählmethode werden jährlich bei gleichen Bedingungen dieselben Routen in der Nacht abgefahren, mit dem Scheinwerfer die aperen und grünenden Wiesen abgeleuchtet und die gesichteten Wildarten aufgenommen. In erster Linie wird mit dieser Nachttaxation das Rotwild gezählt. Daneben werden auch das Rehwild und kleinere Wildarten wie Hase, Fuchs, Dachs und «andere» mitgezählt.

Für Josi war es das erste Jahr als Wildhüter im Simplongebiet. Vorige Woche gab es hier eine Luchsmeldung. Eine junge Frau hatte auf kurze Distanz ein Tier gesichtet mit einem kurzen schwarzen Schwanz. Eigentlich hatte sie geglaubt, einen Wolf gesehen zu haben, ein Jäger hatte ihr jedoch erklärt, ein Tier mit einem solch kurzen Schwanz sei ein Luchs. Somit war bereits bei der Hinfahrt auch für uns der Wolf ein Thema.

Im Zwischbergental gibt es seit Sommer 2002 Nachweise einer Wölfin, die meist auf italienischem Gebiet lebt und zeitweise, vor allem in den Sommermonaten, über die Grenze kommt. In den ersten Jahren war es im Sommer zu großen Schäden auf den Schafalpen gekommen. Mit einer Zusammenlegung der Alpen und einer aufwendigen Behirtung konnten die Schäden auf wenige Tiere reduziert werden. Nach schneearmen Wintern gab es aber auch schon im Frühjahr Nachweise im Zwischbergen, und so war uns klar, dass nach diesem milden Winter dies wiederum der Fall sein könnte. Direktbeobachtungen waren in den letzten fünf Jahren in diesem Tal sehr selten und meist nur flüchtig und auf große Distanz.

Die Zählroute im Zwischbergen hatten wir bereits absolviert und eine über-
durchschnittliche Anzahl Hirsche und Rehe gezählt. Auf dem Rückweg war Josi
am Steuer, und ich leuchtete mit dem Scheinwerfer nochmals das Gebiet ab, das
wir aufwärtsfahrend bereits gezählt hatten. Wir näherten uns so der unter uns
verlaufenden Talstraße, wo wir im offenen Lärchenwald zuvor Rehwild gesichtet
hatten. Unten auf der Talstraße sah ich kurz ein Augenpaar und darauf einen
dunklen Rücken. Ich kommentierte meinem Kollegen: «Ein Reh, schon gezählt.»
Dabei blieb ich mit dem Schein auf dem halb verdeckten Tier, und im nächsten
Augenblick setzte sich dieses im Lichtkegel der Lampe in Bewegung, und gleichzeitig mit diesem eleganten, fedrigen Trab und dem kurzen dunklen Schwanz
kam die schnelle Anweisung an den Chauffeur: «Stopp! Der Wolf!»
Gemeinsam beobachteten wir das Tier, das in seinem leichten Trab talauswärts
lief. Vorsichtig folgten wir auf unserer Straße, blieben so parallel zu ihm und
näherten uns der Verzweigung der beiden Straßen. Kurz vor der Verzweigung
blieb der Wolf stehen und schaute zu uns: Auffallend der massige Kopf mit der
breiten Halsmähne und dahinter der hochbeinige, schlanke Körper mit den hellen Flanken und der dunklen Rückenzeichnung und daran anschließend der im
Vergleich zu einem Hund eher kurz wirkende, schwarz eingefasste Schwanz.
Die paar Augenblicke genügten, um sich das Suchbild «Wolf» fürs Leben ein-
zuprägen. Nach diesen Augenblicken der Bewegungslosigkeit kehrte der Wolf
um, und im gleichen Trab lief er die Strecke zurück und zweigte in ein paar
schnellen und weiten Sprüngen seitwärts in den Wald hinauf ab, um nach kurzer Zeit nochmals weiter oben am Rande einer Wiese zu erscheinen und dann
wieder zu verschwinden.
Wahrscheinlich war dies die bekannte Wölfin, die in den letzten fünf Jahren
meist nur indirekt über Spuren, Losungsfunde und Risse nachgewiesen worden
war. Und auf dem Hirschzählungsblatt für 2007 für das Zählgebiet Simplon-Süd
stand nun neben einer Anzahl Hirschen, Rehen, Hasen und Füchsen unter der
Rubrik «andere Wildarten»: 1 Wolf.

15

«Da werden die Wölfe bei den Lämmern wohnen», steht im Alten Testament über das dem Menschen verheißene große Friedensreich Gottes.

Schafe

1 Von einem Wolf gerissenes Schaf auf einer Alp bei Evolène im Unterwallis.

2 Frei weidende Schafe sind eine leichte Beute für den Wolf.

Die Hirtenvölker Palästinas verstanden das Gleichnis. Sie wussten, dass es im Diesseits anders ist. Schafe und Ziegen bildeten schon zu biblischen Zeiten potenzielle Beutetiere des Wolfs. Das ist immer noch so: Überall, wo Wölfe in ihrem Lebensraum Kleinvieh finden, kommt es zu Schäden. Vor allem da, wo sie nach Jahrzehnten der Abwesenheit wieder neu auftreten.

Ein Wolf, der Schafe reißt, handelt nicht abartig. Er hält sich an Beutetiere, die er mit möglichst geringem Aufwand erwischen kann. Dazu gehören kranke und schwache Wildtiere und eben auch frei weidende Schafe.

Gelegentlich töten Wölfe weit mehr Tiere, als sie fressen können. Mit Mordlust hat das nichts zu tun. Es entspricht dem normalen Jagdverhalten mancher Beutegreifer. Die in Panik herumrennenden Schafe lösen immer wieder den Tötungsreflex aus. Unter natürlichen Bedingungen ist dieses Verhalten des Wolfs durchaus sinnvoll: Da er im Rudel lebt, macht ein Wolf auch Beute für die anderen Mitglieder. In der freien Wildbahn gelingt es ihm aber nur sehr selten, mehr als ein Tier zu reißen, am ehesten noch im Winter, wenn die Beutetiere geschwächt sind.

Aus Italien sind Fälle von Mehrfachtötungen mit über hundert Tieren bekannt. Der italienische Wolfsforscher Luigi Boitani weiß von einem Ereignis, als zwei Wölfe innert weniger Stunden 240 Schafe hinmachten. Solche Massaker sind jedoch selten. Bei weitaus den meisten Wolfsattacken auf Schafherden bleibt es bei einem bis wenigen gerissenen Tieren. In Frankreich waren es 2009 rund 3,35 pro Angriff.

1

3 Herdenschutzhunde müssen möglichst von Geburt an unter Schafen aufwachsen. Das Bild zeigt einen Welpen der Rasse Montagne des Pyrénées.

4 Maremmano Abruzzese im Einsatz in der Toscana.

Herdenschutzhunde

So alt wie der Konflikt zwischen Schaf und Wolf ist auch die Methode, das bedrohte Kleinvieh mithilfe von Hunden zu schützen. Der Vorgänger des Herdenschutzhundes lebte in den tibetanischen Hochebenen, wo 8000 bis 7000 v. Chr. die ersten Mufflons – die wilden Verwandten der Schafe – domestiziert wurden. Nomadisierende Schafzüchter brachten seine Nachkommen über die Seidenstraße nach Europa.

Ein Herdenschutzhund ist kein Kampfhund. Er darf nicht jagen, lässt die Schafe in Ruhe, liegt faul herum, bleibt aber stets höchst aufmerksam und ist absolut loyal gegenüber den Schafen, auf die er sozialisiert wurde. Wenn

3

4

irgendetwas Unvorhergesehenes passiert, stürzt er sich bellend und mit erhobenem Schwanz auf das fremde Wesen, hält jedoch wenn immer möglich Abstand. Ein angreifender Wolf wird dann ausweichen und eher das Weite suchen, als sich auf Beißereien einzulassen. Es kommt deshalb im Normalfall nicht zu Kämpfen zwischen Wolf und Herdenschutzhunden.

Erfahrungen aus allen Gebieten Europas, aus denen der Wolf – und damit auch der Herdenschutz – nie ganz verschwunden ist, zeigen, dass auf diese Weise Verluste zwar nicht gänzlich verhindert, aber doch massiv reduziert werden können.

In den Abruzzen hat zusammen mit den letzten Wölfen Italiens der **Maremmano Abruzzese** als Herdenschutzhund überlebt: Er ist groß genug, um durch sein Erscheinungsbild Angreifer abzuschrecken, aber doch nicht so groß, dass er sich im bergigen und unwegsamen Gelände nicht mehr schnell genug bewegen könnte. Sein dichtes weißes Fell hält ihn im rauen Bergklima warm.

5 Gute Herdenschutz-
hunde sind ruhig, aber
stets aufmerksam und
absolut loyal gegenüber
ihren Schützlingen:
Maremmano Abruz-
zese in den Abruzzen.

6 Überall wo die Tradition
des Herdenschutzes
erhalten blieb, konnten
die Verluste durch
Wölfe in Grenzen
gehalten werden.
Hier eine Schafherde
mit Hirt und Hunden
in den Abruzzen.

5

Die Wölfe nutzen ihre Chancen, die Abwehr zu überlisten, durchaus, ergaben Luigi Boitanis Untersuchungen mittels Radiotelemetrie (siehe Seite 18). Regelmäßig näherten sie sich den Schafherden, gegen den Wind und unbemerkt von den Herdenschutzhunden. Manchmal beobachteten sie dann stundenlang die Situation von verschiedenen Warten aus. Meist vergeblich, denn die Schafe waren im gut bewachten Pferch. Nur selten wagten die Wölfe einen Angriff, der in den meisten Fällen von den Hunden und den mit Stöcken bewaffneten Hirten abgewehrt wurde. Beute zu machen gelang nur bei günstigen Gelegenheiten – etwa wenn einzelne Schafe aus dem Pferch ausgerissen oder die Hunde abgelenkt waren.

In den Karpaten, im Grenzgebiet zwischen Polen und der Slowakei, wurde ein siebenköpfiges Wolfsrudel radiotelemetrisch überwacht. Es hatte seine Höhle im slowakischen Tatra-Nationalpark in zwei Kilometern Distanz zu einem Schafpferch, der bereits auf polnischem Gebiet liegt. Die Wölfe suchten die Schafherde durchschnittlich in jeder zweiten Nacht auf. In der Regel war es um Mitternacht, manchmal auch im Morgengrauen. Sie näherten sich langsam, möglichst gegen den Wind. Oft machten sie auf 700 Meter Distanz bereits wieder kehrt. Manchmal trauten sie sich aber auch näher heran. Dann reagierten die drei **Tatra-Hunde**, welche die Herde bewachten, mit heftigem Gebell, worauf sich die nächtlichen Besucher umgehend verzogen. 16 Wolfsbesuche wurden zwischen Ende Juli und Anfang Oktober 1994 registriert. Ein einziges Mal gelang es den Wölfen, ein Tier zu erbeuten.

6

In Frankreich wurde bereits 1985 eine Vereinigung zur Zucht von Herden-schutzhunden gegründet – nicht wegen des Wolfs, sondern wegen der zahl-reichen wildernden Hunde. Die eingesetzte Rasse heißt **Montagne des Pyrénées** oder **Patou**, ist fast so groß wie ein Schaf, ähnlich gefärbt und von ruhigem Temperament. In den Wolfsgebieten Frankreichs sind bereits mehr als tausend Patous als Herdenschutzhunde im Einsatz.

Auch bewachte Herden erleiden Verluste, doch werden sie viel seltener attackiert als unbewachte. Und kommt es dennoch dazu, werden weniger Schafe getötet.

7|8 Herdenschutzhunde auf Schweizer Schafalpen: Maremmano Abruzzese im Val Madris (oben), Montagne des Pyrénées im Walliser Val Ferret (unten).

9 Für einen wirksamen Herdenschutz braucht es auch den Hirten: Peter Lüthi, Leiter des WWF-Herdenschutzprojekts (siehe Seite 102) auf der Schafalp.

7

8

9

Hirtinnen und Hirten

Zwei bis drei gut ausgebildete Hunde sind nötig, um eine fünfhundertköpfige Schafherde zu bewachen. Sie schaffen dies aber nur, wenn ihre Schützlinge sich nicht weit im Gelände verstreuen. Für die Nacht, die kritische Zeit in Bezug auf Wolfsattacken, müssen die Schafe deshalb eingepfercht werden. Das erfordert auch die Anwesenheit von Hirtinnen und Hirten.

Neben den Herdenschutzhunden tun auch Hirten- oder Treibhunde ihren Dienst auf Schafalpen. Ihr Job ist es, die Schafe beieinanderzuhalten und abends zusammenzutreiben. Dazu braucht es einen völlig anderen Hundetyp, bestens verkörpert im **Border Collie**, einem kleinen, quirligen Dauerläufer. Er hat durchaus einen wachen Jagdinstinkt, lebt diesen aber beim Treiben der Schafe aus.

In der Schweiz fördert der Bund seit 2002 die Behirtung von Schafherden mit einem Behirtungszuschlag. Die Maßnahme bezweckt eine bessere Weideführung. Ökologische Probleme, die bei der Beweidung durch unbehirtete Schafherden auftreten (siehe Kasten «Gigot, Schaf, Alpen», Seite 104), können damit vermindert werden. Dass die ständige Anwesenheit von Hirten auch den Schutz gegen Raubtierangriffe verbessert, ist ein willkommener Nebeneffekt. 2009 nahmen knapp zehn Prozent der Sömmerungsbetriebe den Behirtungszuschlag in Anspruch, rund 2,8 Millionen Franken wurden dafür insgesamt bezahlt.

Der Behirtungszuschuss wird pro Schaf berechnet. Damit er die Kosten für den Hirtenlohn deckt, muss eine Herde mindestens 500 bis 600 Stück zählen. Gegenwärtig weiden bloß auf rund 15 Prozent der hiesigen Schafalpen mehr als 500 Tiere. Nun können mehrere Halter ihre Tiere zu einer einzigen Herde zusammenlegen und dann gemeinsam eine Hirtin oder einen Hirten anstellen. Doch manchmal setzen Topografie und die Produktivität hier Grenzen: Die Alp muss groß genug sein, oder falls man mit der Herde mehrere kleinere Alpen sukzessiv beweiden lässt, müssen diese durch problemlos passierbare Wege miteinander verbunden sein.

10

11

Das nationale Herdenschutzprojekt der Schweiz

Die Präsenz von Wölfen soll nicht zu «unzumutbaren Einschränkungen in der Nutztierhaltung» führen, ist ein Kernsatz des offiziellen Konzepts Wolf Schweiz. Das Bundesamt für Umweltschutz (BAFU) unterstützt Maßnahmen zum Schutz von Nutztieren. 2010 hatte es dafür ein Budget von 0,83 Millionen Franken. Von Wölfen getötete Nutztiere werden entschädigt. 2009 waren es im ganzen 340 Schafe, 17 Ziegen und ein Kalb. Das war bezüglich Wolfsschäden das bisherige Rekordjahr. 2010 wurden in der ganzen Schweiz 84 Nutztiere von Wölfen gerissen.

Bereits 1999 lancierte das BAFU ein nationales Herdenschutzprojekt. Es hat zum Ziel, Hunde zu züchten und die Ausbildung von Hirtinnen und Hirten zu fördern. Heute sind um die 160 Hunde bei Schafhaltern platziert. In allen betroffenen Regionen und solchen, die es demnächst werden könnten, wurden Kompetenzzentren für den Herdenschutz eingerichtet, um die Schafhalter zu beraten und im Bedarfsfall mit Hunden aushelfen zu können. Landwirtschaftliche Schulen bieten Ausbildungsgänge für das Alppersonal.

Koordiniert werden diese Aktivitäten durch Agridea in Lausanne, ein nationales Dienstleistungsunternehmen für die Entwicklung der Landwirtschaft

12 Ziegen sind ebenfalls potenzielle Beutetiere des Wolfs. Das Foto wurde bei Zarcuns im Val Tujetsch im Graubünden aufgenommen.

und des ländlichen Raums. Im Bedarfsfall steht eine mobile Eingreiftruppe bereit, bestehend aus drei während der Sömmerungszeit fest angestellten Hirtinnen und zwei Hirten auf Abruf, die kurzfristig hinzugezogen werden können. Als Basis für die fix angestellten Hirten dienen das Herdenschutzzentrum Jeizinen VS und die Alp Curciusa GR.

Ein Bedarfsfall war zum Beispiel 2007 der erste Wolf im Kanton Waadt. Nachdem er Ende August auf der Alp Le Cheval Blanc oberhalb Bex VD 19 Schafe gerissen hatte, zog die Hirtin Riccarda Lüthi (siehe Seite 165 ff.) zusammen mit zwei Herdenschutzhunden – einem Maremmano Abruzzese und einem Montagne des Pyrénées – und ihren beiden Hirtenhunden auf die Alp. Danach kam es bis zum Ende der Alpsaison zu keinen weiteren Schäden mehr.

Gelegentlich kommen auch Hunde allein zum Einsatz. Auf eingezäunten kleineren Weiden können sie unter Umständen genug Schutz bieten, auch wenn die Schafe nachts nicht im Pferch sind. Das Futter kriegen die Hunde über einen Futterautomaten. Dies war etwa im Sommer 2007 auf einer Alp im Val d'Illiez im Unterwallis der Fall. Die Alp wird im System der Umtriebsweide mit drei Koppeln genutzt, 250 Schafe zählt die Herde. Zwei Hunde wurden hier platziert. Die Alp liegt mitten im Gebiet des Wolfs, der damals in der Gegend war. Auf allen umliegenden Alpen gab es Schäden, doch da, wo die beiden Hunde wachten, kam es bloß zu einem Verlust: Ein Schaf wurde gerissen, das aus irgendeinem Grund die Koppel verlassen hatte.

Guten Schutz gegen Wölfe bieten grundsätzlich auch Elektrozäune. Wer schon einmal beobachtet hat, was bei einem Hund abläuft, den ein Stromschlag getroffen hat, ahnt, dass dies für ihn der reinste Horror sein muss. Wölfe reagieren ähnlich. Hinreichend wirksam sind etwa 120 Zentimeter hohe Bänderzäune mit fünf bis sechs stromführenden Bändern, das unterste tief genug, dass ein Wolf sich nicht unten durchgraben kann. «Weiden bis zu einer Größe von ein bis zwei Hektaren können so gut und mit vernünftigem Aufwand geschützt werden», schätzt Daniel Mettler, Beauftragter für Herdenschutz in der Agridea (siehe auch Seite 97). «Eine sinnvolle Option sind Elektrozäune damit zum Beispiel auf den Frühlings- und Herbstweiden.» Auch stromführende Flexinetzäune halten Wölfe wirksam ab, allerdings sind sie ein Hindernis und eine Gefahr für Wildtiere und die Schafe selbst, die sich darin verfangen und verenden können. Bei Bänderzäunen besteht dieses Risiko nicht.

Nationale Koordinationsstelle für Herdenschutz:
www.herdenschutzschweiz.ch
Herdenschutzkompetenzzentrum Oberwallis, Walter Hildbrand:
www.herdenschutzzentrum.ch
www.protectiondestroupeaux.ch

12

Das WWF-Herdenschutzprojekt

Der erste Graubündner Wolf lebte nicht lange. Anfang April 2001 riss ein Wolf in den Gemeinden Stampa und Soglio im Bergell mehrere Schafe. Die Schadensserie setzte sich trotz Abwehrmaßnahmen über den ganzen Sommer fort. Ende September wurde der Täter im Gebiet Margna mit Bewilligung des Kantons erlegt. Es war ein vierzig Kilogramm schwerer Wolfsrüde.

Im selben Jahr hatte der WWF ein vierjähriges Herdenschutzprojekt gestartet, um auf die nachfolgenden Wölfe, aber auch auf die bereits absehbare Einwanderung von Bären, besser vorbereitet zu sein. Acht Schafhalter und eine Ziegenhalterin testeten verschiedene Methoden: Hirten, Schutzhunde, Esel und Zäune unter verschiedenen Bedingungen und in diversen Kombinationen. Ein Tierarzt untersuchte die Fragen der bestmöglichen Sozialisation der Hunde auf die Schafe.

13   Rinder auf einer Alp
       im Val Lumnezia, Grau-
       bünden: Der Hirten-
       hund – ein Border
       Collie – gönnt sich
       eine Pause.

14   Herdenschutzhunde
       kennen keine Dienst-
       zeiten – sie sind Tag
       und Nacht wachsam.

«Unter den Schafbauern waren mehrere Profis», sagt Projektleiter Peter Lüthi, der selber seit Jahren im Sommer mit Schafen, Ziegen und Rindern auf die Alp geht. «Das war wichtig für den Erfolg, denn ihre Stimme zählte bei den Landwirten im Kanton.» Aufgrund der Erkenntnisse wurde ein Leitfaden zum Herdenschutz für Tierhalterinnen und Tierhalter erarbeitet. «Die wichtigste Schutzmaßnahme für Schafe und Ziegen ist ein fähiger Alphirt mit guten Schutz- und Treibhunden, der Herde und Schutztiere unter Kontrolle hat und sie innert kurzer Zeit sammeln kann», ist das Fazit der Untersuchung.

WWF, Schweiz, Herdenschutz - Leitfaden für Tierhalterinnen und Tierhalter, 2005.
Bezug: WWF Schweiz, Postfach, 8010 Zürich, Tel. 044 297 21 21, E-Mail: service@wwf.ch;
Download unter http://assets.wwf.ch/downloads/5141_10_leitfaden_herdenschutz_d.pdf

Herdenschutzhunde am Wanderweg

15 Bitte nicht streicheln!
Ein Herdenschutz-
hund – ein Marem-
mano Abruzzese –
beäugt und
beschnuppert den
Fremdling.

Verhaltenstipps

Begegnungen mit Herdenschutzhunden wird künftig auch in den Alpen immer häufiger erleben, wer zu Fuß oder auf dem Bike auf Wanderwegen unterwegs ist. Sie werden ohne Probleme ablaufen, wenn das Verhalten der Schutzhunde respektiert und folgende Verhaltensregeln befolgt werden:

Durch das Bellen verteidigen die Schutzhunde ihr Territorium und ihre Herde: Bleiben Sie ruhig und vermeiden Sie Provokationen mit Stöcken und schnellen Bewegungen.

- Es ist möglich, dass der Schutzhund Ihnen den Weg versperrt: Versuchen Sie, die Herde zu umgehen und möglichst wenig zu stören. So bleiben die Schutzhunde mit ihren Tieren auf ihrer Weide.
- Die Schutzhunde reagieren auf fremde Hunde besonders aufmerksam: Nehmen Sie Ihren eigenen Hund an die Leine. Ein fremder Hund darf auf keinen Fall in die Herde hineinrennen und diese stören. Falls die Hunde miteinander zu spielen beginnen, lassen Sie ihn los, und die Hunde werden ihr Spiel unter sich austragen.
- Sowohl Schutzhunde als auch Schafe können durch überraschende Bewegungen erschreckt werden: Halten Sie deshalb als Biker und Sportler an und gehen Sie langsam an der Herde vorbei.
- Die Schutzhunde können Ihnen neugierig entgegenkommen: Streicheln Sie diese nicht und vermeiden Sie das Spiel mit ihnen. Die Schutzhunde dürfen zu Fremden nicht zutraulich werden, sondern sollten bei ihren Tieren bleiben.
- Füttern Sie die Schutzhunde nicht, sonst locken Sie diese von der Herde weg. Sollte ein Hund Ihnen beim Weitergehen folgen, ignorieren Sie ihn. Er wird dann bald zu seiner Herde zurückkehren.

Information für Wanderer und Biker,
die von geschützten Herden betroffen sein können,
findet man unter www.herdenschutzschweiz.ch

15

Gigot, Schaf, Alpen

16|17 2005 lebten mehr als 440 000 Schafe in der Schweiz. Die Schafhaltung wird stark subventioniert.

16

1,3 Kilogramm Schaffleisch verspeist eine Durchschnittsperson pro Jahr in der Schweiz. Beim Schweinefleisch sind es 24,6, beim Rindfleisch 11,0 Kilogramm. Vorurteile seien die Ursache für den geringen Anteil am Fleischkonsum, sagt Peppino Beffa: Schafe und Ziegen galten einst als die «Kuh des armen Mannes», das Fleisch älterer Tiere hat einen strengen Beigeschmack, was beim Lamm indessen nicht zutrifft. Beliebter ist Schaffleisch bei Einwanderern aus dem Mittelmeerraum sowie bei Muslimen, die kein Schweinefleisch essen dürfen.

Trotz der vergleichsweise geringen Nachfrage reicht die Inlandproduktion von jährlich 300 000 Schlachttieren bei Weitem nicht aus. Mehr als die Hälfte des Schaffleischs wird importiert, hauptsächlich aus Neuseeland. In diesem Teil der Erde ist Schafzucht viel billiger als bei uns: Einzelne Schaffarmen sind Zehntausend Hektaren groß und zählen über 50 000 Tiere. Die Schafe sind das ganze Jahr auf der Weide, es braucht keine Ställe und keine Winterfütterung. Die Schweizer Schafbauern können da unmöglich mithalten. 10 035 Schafhalter waren es gemäß den statistischen Erhebungen und Schätzungen des Schweizerischen Bauernverbandes 2009. Sie besitzen im Durchschnitt 43 Schafe.

Die hiesige Schafhaltung wird deshalb durch die Kontingentierung der Importe gestützt und subventioniert. Bis 2004 waren die Importkontingente an die Inlandleistung gekoppelt. Wer neuseeländisches Fleisch einführen wollte, musste zugleich inländisches einkaufen. Heute werden die Kontingente versteigert. Subventionen gibt es aus verschiedenen Bundeskassen: Sömmerungsbeiträge, Beiträge für die Tierhaltung unter erschwerten Produktionsbedingungen, für kontrollierte Freilandhaltung, für die Haltung Raufutter verzehrender Nutztiere, Behirtungszuschuss. Insgesamt fließen derzeit jährlich rund vierzig Millionen Franken öffentliche Gelder

17

in die Schafhaltung. Längst nicht alle Schafhalter erhalten Subventionen, denn für die Kleinen gibt es nichts. Dreißig bis vierzig Mutterschafe und drei bis vier Hektaren Land muss ein Betrieb ausweisen, um überhaupt beitragsberechtigt zu sein.

Die Subventionen und der Grenzschutz ermöglichten in den letzten Jahrzehnten eine starke Ausweitung der hiesigen Schaffleischproduktion. Nach Angaben des Schweizerischen Bauernverbandes lebten im Jahr 1966 266 371 Schafe in der Schweiz, 2009 waren es 431 889. Seit 2005 ist der Bestand leicht rückläufig. Etwa jedes zweite hiesige Schaf verbringt den Sommer auf der Alp. Die Tiere weiden im Sommer mehrheitlich unbeaufsichtigt. Gelegentlich kommt einer der Besitzer vorbei, ansonsten sind sie allein. Zum Teil können sie sich frei auf der ganzen Alp bewegen. Man spricht dann von einer *Standweide*. Oder die Tiere wechseln im System der *Umtriebsweide* von einer eingezäunten Koppel zur anderen.

Die Bundessubventionen werden mit der landschaftspflegerischen Tätigkeit der Schafbauern begründet. Sie sorgen dafür, dass die Heumatten gemäht und die Weiden genutzt und damit offen gehalten werden. Vielfach sind es Flächen, aus denen sich die Rindviehhaltung zurückgezogen hat. Ohne Schafe würden diese Flächen verbuschen und verwalden.

Schafhaltung hat indessen auch ihre ökologischen Kehrseiten. Schafe haben einen «giftigen Zahn» und einen «scharfen Biss». Sie fressen die bevorzugten Kräuter und Gräser sehr selektiv, aber ratzekahl. Die Tiere weiden zudem oft am falschen Ort: Unverkennbar zieht es sie nach oben, wo die Vegetation immer empfindlicher wird. Auf Flächen, die zu dicht bestoßen werden, sind Schafe zudem ein Erosionsfaktor. Schließlich bilden sie eine Lebensraumkonkurrenz für Gämsen und Steinböcke, die ähnliche Einstände bevorzugen. Im Schweizer Alpenraum sind die Schafe gegenüber diesen beiden wilden Huftierarten etwa vier- bis fünffach in der Überzahl. Eine sorgsame Führung der Schafe durch die Sömmerungsweiden kann ökologische Schäden vermindern.

Vom

Auf dem Papier gehört der Wolf
zu den bestgeschützten Tierarten
Europas.

Umgang mit Wölfen in Europa

1   In den meisten Ländern Europas ist der Wolf eine geschützte Art. Doch illegale Tötungen setzen ihm fast überall zu.

Das Übereinkommen des Europarates über die Erhaltung der wild lebenden Pflanzen und Tiere und ihrer Lebensräume (Berner Konvention) listet *Canis lupus* als streng geschützt auf, eine Einstufung, mit dem allerdings nicht alle Mitglieder einverstanden sind. 12 von 27 Ländern hatten 1979, als die Konvention unterzeichnet wurde, einen Vorbehalt angebracht, namentlich die osteuropäischen Staaten mit größeren Wolfspopulationen, die Türkei und Spanien.

2004 stellte die Schweiz im ständigen Ausschuss der Berner Konvention den Antrag, den Wolf aus der Kategorie der «streng geschützten» in jene der «geschützten» zurückzustufen. Ausgelöst worden war der Schweizer Vorstoß in Sachen Wolf durch die Motion von Nationalrat Theo Maissen, der verlangt hatte, den Schutz des Wolfes in der Schweiz aufzuheben. Der Nationalrat hatte dieses Ansinnen 2003 knapp abgelehnt, gleichzeitig aber dazu aufgefordert, den Spielraum der Berner Konvention im Umgang mit dem Wolf zugunsten der Kleinviehhaltung auszunutzen. Wäre der Ausschuss dem Antrag gefolgt, würde der Wolf in der Berner Konvention nun den gleichen Schutz genießen wie der Luchs. Die Behörden hätten damit mehr Möglichkeiten, in Schadenssituationen in einen Bestand einzugreifen.

Das Ansinnen kam bei den anderen Mitgliedern der Berner Konvention schlecht an: Ausgerechnet die Schweiz, die noch weit davon entfernt ist, einen lebensfähigen Bestand zu beherbergen, und auch viel weniger für den Herdenschutz und die Schadensvergütung aufwendet als manche anderen Länder Europas, will den Schutz des Wolfs lockern. Der Antrag fiel durch.

Für die Berner Konvention ist zwar der Europarat und nicht die EU zuständig, doch bilden die EU-Staaten darin die Mehrheit. Gemäß der EU-Fauna/Habitat-Richtlinie ist der Wolf strikt geschützt, seine Habitate sind vorrangig zu erhalten. Einer Änderung der Berner Konvention wird die EU erst zustimmen, wenn der Status des Wolfs in den Habitat-Direktiven neu geregelt ist. Eine Idee ist, von einer Betrachtung nach Ländern auf eine Beurteilung der Populationen umzustellen – etwa der Alpenpopulation, was aus ökologischer Sicht durchaus Sinn machen würde. Voraussetzung wäre allerdings eine enge Zusammenarbeit der betroffenen Länder.

Im Jahr 2010 war der Wolf erneut ein Thema in den eidgenössischen Räten. Beide Kammern stimmten einer Motion des Walliser Ständerats

2 Verbreitung des Wolfs
in Europa.

Jean-René Fournier zu, die verlangt, dass der Bundesrat die nötigen Schritte für eine Änderung von Artikel 22 der Berner Konvention unternimmt. Damit soll möglich werden, dass jedes Mitglied auch nach der Unterzeichnung der Konvention noch Vorbehalte anbringen kann. Der Bundesrat soll daraufhin den Vorbehalt anbringen, dass der Wolf in der Schweiz reguliert werden darf. Es ist indessen nicht zu erwarten, dass die Berner Konvention den fraglichen Artikel ändern wird. In diesem Fall soll die Schweiz ihre Mitgliedschaft aufkündigen.

Letzteres wäre ein fataler Schritt. Die Berner Konvention, an deren Entstehung die Schweiz wesentlich mitgewirkt hat, ist ein segensreiches Naturschutzabkommen. Die 1979 in Bern abgeschlossene Konvention wurde seither von 48 Staaten ratifiziert. Sie alle verpflichteten sich damit, Vorkommen europaweit gefährdeter Tiere, Pflanzen und Lebensräume in ihrem Land zu erhalten. Eine wichtige Errungenschaft ist namentlich das Programm «Smaragd». Es beinhaltet ein Netz von ökologisch besonders wertvollen Flächen, das von allen beteiligten Ländern geknüpft wird. Zudem bilden die Institutionen der Berner Konvention ein Kompetenzzentrum für Naturschutzfragen. Wenn sich die Schweiz hier ausklinken würde, wäre dies ein herber Rückschlag für den Naturschutz sowohl auf schweizerischer wie auch auf europäischer Ebene.

Eine Alternative könnte eventuell ein parlamentarischer Vorstoß des Bündner Nationalrats Hansjörg Hassler bieten. Die Regulation des Wolfs soll innerhalb der Vorgaben der Berner Konvention erleichtert werden. Vorgeschlagen wird, dass – nach einer entsprechenden Änderung der Schweizer Jagdverordnung – die nationalen Konzepte zum Management von Wolf, Bär und Luchs angepasst werden. Insbesondere sollen zwei Instrumente neu geschaffen werden: Treten bei etabliertem Wolfsbestand und trotz Herdenschutzmaßnahmen hohe Schäden an Nutztieren auf, soll einerseits ein regulativer Eingriff über behördliche Abschüsse nach jährlichen Quoten möglich werden. Andererseits sollen Hirten mit einem Jagdfähigkeitsausweis die Bewilligung erhalten, einzelne Wölfe beim Angriff auf ihre Herde abzuschießen. Der Nationalrat hat die Motion Hassler im Herbst 2010 angenommen. Im Ständerat war sie bei Redaktionsschluss für dieses Buch noch hängig.

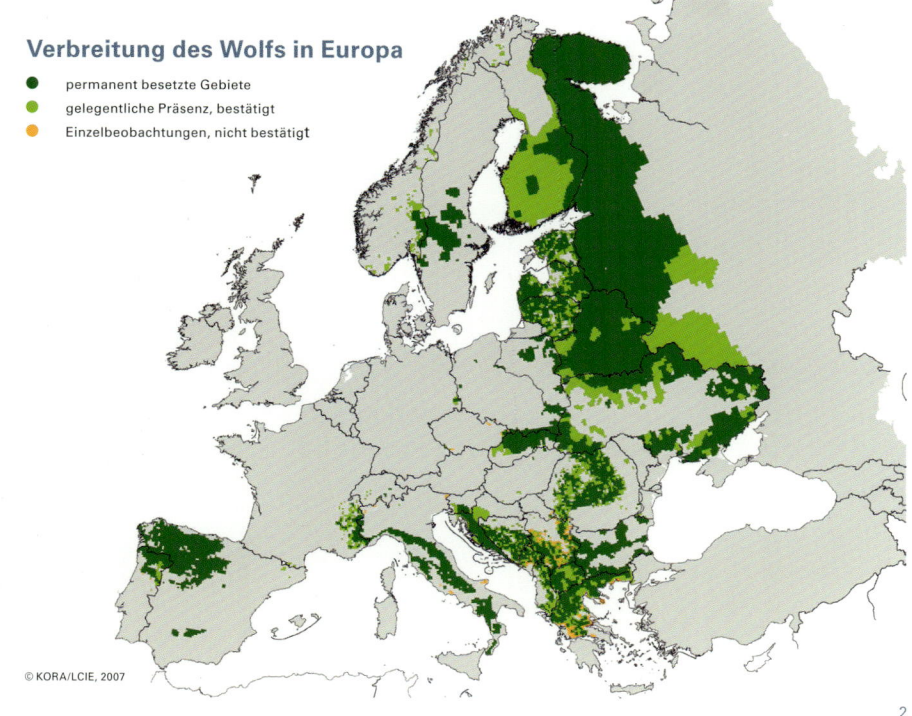

Verbreitung des Wolfs in Europa

- permanent besetzte Gebiete
- gelegentliche Präsenz, bestätigt
- Einzelbeobachtungen, nicht bestätigt

© KORA/LCIE, 2007

2

Iberien

Nebst Italien sind Spanien und Portugal die einzigen Länder Westeuropas, aus denen der Wolf nie ganz verschwunden ist. Den Tiefpunkt erreichte die iberische Wolfspopulation mit ein paar Hundert Individuen Ende der 1960er-Jahre. 1970 wurde die zuvor vogelfreie Art in Spanien partiell geschützt. Der Wolf wurde zwar weiterhin bejagt, doch führte man Schonzeiten ein. Dies und die Zunahme der Beutearten – namentlich der Wildschweine und der Rehe – ermöglichten eine Wiederausbreitung. Heute leben rund 2000 Wölfe in Spanien, die meisten in der nordwestlichen Ecke des Landes in den Regionen Kastilien-León, Galicien und Asturien. Eine kleine, isolierte Population hält sich zudem in der Sierra Morena im Süden.

Der Schutzstatus ist regional unterschiedlich. Nördlich des Duero, der auf der Höhe von Saragossa entspringt und bei Porto in Portugal in den Atlantik mündet, ist der Wolf eine jagdbare Art. Die regionalen Behörden legen jährliche Abschussquoten fest. 2010 wurden in der Region Kastilien-León, die mit 1500 Tieren die größte Wolfspopulation Spaniens beherbergt, 130 Wölfe zum Abschuss freigegeben. Südlich des Duero ist der Wolf geschützt, doch werden auch hier für Problemwölfe Abschussgenehmigungen erteilt.

Schäden an Haustieren werden in den meisten Provinzen vergütet. Die Schadenssituation ist regional unterschiedlich. Ein durchschnittlicher Wolf verursachte in den Gebirgsregionen Asturiens, wo die Schafe unbeaufsichtigt weiden, achtmal höhere Schäden als in den Talgebieten Galiciens, wo die Nutztiere behirtet werden. Auch sind die Schäden in Gebieten, in denen der Wolf wieder neu aufgetreten ist, höher als da, wo er nie verschwand.

Illegale Tötungen setzen der Population zu, ein weiteres Problem stellt sich durch das Versiegen einer künstlichen Nahrungsquelle: Kadaver toter Haustiere, die man bis anhin draußen liegen ließ und die ein gefundenes Fressen für die Wölfe bildeten, müssen neuerdings entsorgt werden.

Zwei Erhebungen in Portugal in den Jahren 1994/1996 bzw. 2002/2003 ergaben einen stabilen Wolfsbestand im Bereich von 220 bis 460 Tieren, verteilt auf etwa sechzig Rudel. Nur der Norden des Landes ist besiedelt. Der Duero teilt die Wölfe Portugals in zwei Populationen, zwischen denen praktisch kein Austausch besteht. Die nördliche ist jedoch verbunden mit den Wölfen Spaniens. Der Wolf ist in Portugal seit 1990 strikt geschützt, doch ist illegale Tötung die wichtigste Todesursache, vor allem da, wo sich die Wölfe mangels wilder Beutearten größtenteils von Haustieren ernähren. Neben der Förderung von Herdenschutzmaßnahmen bildet denn auch die Wiederansiedlung von wilden Huftieren das wichtigste Element im Aktionsplan für den Wolf, den die 1985 gegründete Schutzorganisation Grupo Lobo erarbeitet hat.

Frankreich

3   Vom Wolf besiedeltes Gebiet im Nationalpark Mercantour.

In den französischen Alpen weiden eine Million Schafe. In manchen Gebieten ist Schafhaltung die einzige noch übrig gebliebene Form der Landwirtschaft. Abgesehen von einzelnen Regionen, sinkt der Bestand. Die Zahl der Halter nimmt noch rascher ab. Immer weniger Halter besitzen immer größere Herden.

Vorherrschend ist die «transhumance»: Die Schafe sind in behirteten Wanderherden unterwegs und immer draußen. Im Sommer in den Bergen, im Winter im schneefreien Flachland.

Die Rückkehr des Wolfs Anfang der 1990er-Jahre hat die Schafhaltung kalt erwischt. Jahrzehntelang hatte man ohne ihn gelebt. Die zügige Vermehrung und Ausbreitung der Wolfspopulation trug das Ihre dazu bei, dass sich die Schäden rasch vermehrten und die Konflikte eskalierten.

2009 haben die schätzungsweise 150 Wölfe Frankreichs 3279 Nutztiere getötet – 3122 Schafe, 123 Ziegen, 31 Kälber, ein Fohlen und zwei Hunde. Das sind etwa zwanzig Nutztiere pro Wolf. Im Vergleich zu anderen europäischen Ländern, namentlich solchen mit nie erloschenen Wolfsvorkommen,

3

4 In manchen Gebieten
der französischen
Alpen ist Schafhaltung
die einzige noch übrig
gebliebene Form der
Landwirtschaft.

ist das sehr viel. Bezogen auf den gesamten Kleinviehbestand in den französischen Alpen, liegen die Verluste aber bloß im Promillebereich.

Der französische Staat investiert jährlich drei Millionen Euro in den Herdenschutz. Für rund die Hälfte der Herden bestehen heute Verträge, welche die Übernahme der Kosten für die Hunde, deren Futter, Netzzäune oder zusätzlich nötige Helfer regelt.

Zuständig für den Umgang mit den Wölfen in Frankreich sind das Umwelt- und das Landwirtschaftsministerium. 2004 erließen die beiden Ministerien gemeinsam den «Plan d'action sur le loup, 2004–2008». Er war das indirekte Ergebnis der Untersuchung einer parlamentarischen Kommission *(Commission d'enquête sur les conditions de la présence du loup en France et l'exercice du pastoralisme dans les zones de montagne)*, die im Mai 2003 ihren Schlussbericht mit Handlungsvorschlägen publiziert hat. Die Kommission war von erklärten Wolfsgegnern dominiert. Der Bericht postuliert denn auch den absoluten Vorrang für die Anliegen der Kleinviehhaltung gegenüber dem Schutz des Wolfs.

Der Aktionsplan ging nicht so weit. Man will eine vitale Wolfspopulation erhalten, zugleich aber die Kleinviehhaltung nicht behindern und namentlich auch die Kosten für die Prävention und die Vergütung von Schäden in Grenzen halten. Ein wirksamer Herdenschutz im ganzen Land wird als unbezahlbar taxiert. Deshalb will man das Verbreitungsareal des Wolfs beschränken. «Die extensive Kleinviehhaltung bestimmt den Raum, der dem Wolf in Frankreich zugestanden werden kann.»

Eine jagdliche Regulation soll die Zunahme des Bestandes und namentlich auch die Ausbreitung in noch unbesiedelte Gebiete verlangsamen. Die Ministerien für Landwirtschaft und Umwelt legen alljährlich die Abschussquoten pro Departement fest. Auf diese Weise sollen die von Wölfen verursachten Schäden, vor allem in neu von ihnen besiedelten Gebieten eingedämmt und die Akzeptanz für den Schutz der Art bei der Landbevölkerung verbessert werden. Und man gewinnt so auch mehr Zeit für die Etablierung des Herdenschutzes, sodass dieser mit der Entwicklung des Wolfsbestandes Schritt halten kann. Abschüsse sollen nur in Gebieten erfolgen, in denen wiederholt und trotz Schutzmaßnahmen Schafherden angegriffen wurden.

Die 2008 in Kraft gesetzte Neuauflage des «plan d'action sur le loup», gültig bis 2012, basiert auf denselben Grundsätzen und Zielen, passt die Maßnahmen aber der neuen Situation an, insbesondere der inzwischen erfolgten Vergrößerung und Ausbreitung der Population in neue Gebiete. Die «tirs de

4

défense» wurden erleichtert: Ein Hirt, der im Besitz des Jagdpatents ist, darf auf einen Wolf schießen, wenn er diesen in flagranti bei seiner Herde ertappt.

Für die Saison 2010/2011 wurden sechs Wölfe zum Abschuss freigegeben. Die Zahl der illegalen Tötungen dürfte höher sein. Aufgrund der potenziellen und der realen Entwicklung der französischen Wolfspopulation schätzt die Naturschutzorganisation Ferus, dass seit dem Jahr 2000 mindestens hundert Wölfe in Frankreich illegal getötet wurden.

5

Italien

Das italienische Gesetz ist strikt. Es schützt den Wolf rigoros und erlaubt keine Ausnahmen. Die Praxis sieht etwas anders aus. Es gibt Schätzungen, wonach jährlich 15 bis 20 Prozent des Bestandes illegalen Tötungen zum Opfer fallen.

Das Problem stellt sich regional unterschiedlich. In den Abruzzen haben immer Wölfe gelebt, und die Schafhirten haben die Methoden des Herdenschutzes nie verlernt. Bleiben die Schäden im Rahmen, regt sich niemand groß auf. Kommt es hingegen zu größeren Verlusten, greifen die Schafhalter zum Gewehr und schießen ein paar Wölfe. «Es gibt hier eine Art illegalen Kompromiss», formulierte es Luigi Boitani in einem Interview mit der Zeitschrift «Gazette des grands prédateurs» (15/2005). Wolf und Schafhalter können damit leben.

Nicht so in Teilen der Toskana zwischen Siena und Grosseto. Die Schafhaltung ist hier in den Händen sardischer Hirten, die den Wolf nicht kennen, keine Erfahrung mit Herdenschutzhunden haben und sich weigern, Schutzmaßnahmen zu ergreifen. Hier sind die Konflikte heftig, und die Zahl der illegal getöteten Wölfe ist hoch.

Gerissene Nutztiere werden vom Staat vergütet. Für die Abwicklung der Verfahren sind die Provinzen zuständig, das Prozedere unterscheidet sich je nach Gebiet stark, entsprechend inkohärent ist die Praxis. Im nationalen Aktionsplan wird deshalb ein einheitliches Entschädigungssystem gefordert. Die Summe der Entschädigungsgelder liegt bei 1,5 Millionen Euro pro Jahr.

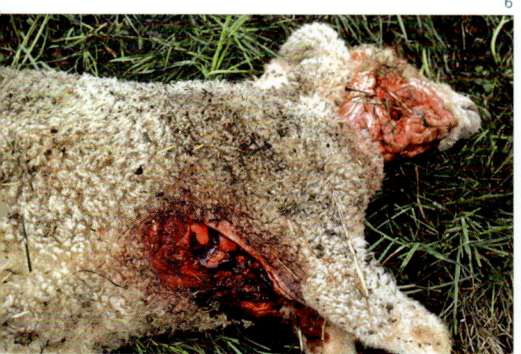

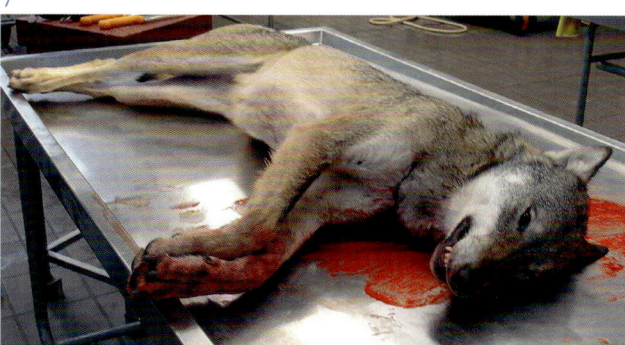

5   Schafherde im Wolfs-
    gebiet der Abruzzen.
6   Von einem Wolf
    gerissenes Schaf.
7   Richtet ein Wolf in der
    Schweiz zu hohe
    Schäden an Kleinvieh
    an, kann er mit staat-
    licher Bewilligung
    geschossen werden.
    Die Gommer Wölfin
    (siehe auch Seite 36)
    war ein Anwendungs-
    fall dieser Bestimmung
    im «Konzept Wolf
    Schweiz».

Schweiz

Maßgebend für den Umgang mit dem Wolf ist das «Konzept Wolf Schweiz». Es soll «die Rahmenbedingungen schaffen, um die Probleme zu minimieren, welche zwischen den Menschen mit ihren Aktivitäten (Landwirtschaft, Jagd, Freizeit, Tourismus etc.) und Bedürfnissen sowie der Anwesenheit von Wölfen entstehen können», steht in den Zielbestimmungen.

Schäden, welche Wölfe anrichten, werden durch Bund und Kantone gemeinsam vergütet. Grundsätzlich gibt es nur Geld, wenn der betroffene Schafhalter das tote Tier vorweisen kann. Wenn nach einem Wolfsangriff mehrere Schafe fehlen, ist dies aber nicht immer möglich. Es besteht daher auch die Möglichkeit, abgestürzte oder vermisste Nutztiere ganz oder teilweise zu entschädigen. Bei unsicherer Täterschaft – war's ein Wolf oder ein Hund? – können Teilentschädigungen bezahlt werden.

Wann das Maß voll ist, hängt davon ab, ob der Wolf in der betroffenen Region im Schadensjahr erstmals auftritt oder ob es bereits in den Vorjahren zu Verlusten gekommen ist. Das erste Jahr gilt als Anpassungsphase an eine neue Situation. Die Schafhalter sind aufgefordert, Herdenschutz zu betreiben, wenn der Verdacht auf Wolfspräsenz besteht. Werden dennoch 25 Tiere innerhalb eines Monats gerissen – oder 35 innerhalb von vier Monaten – wird eine Abschussbewilligung erteilt. Voraussetzung ist, dass die Schafhalter mit dem nationalen Herdenschutzprogramm kooperieren und die empfohlenen Maßnahmen umsetzen.

In den Folgejahren reduziert sich die Limite auf 15 gerissene Tiere, sofern alle möglichen, praktikablen und finanzierbaren Herdenschutzmaßnahmen ergriffen wurden und es trotzdem zu Schäden kommt. Die ständige Behirtung,

8 In den Schweizer
Alpen – hier der Albula-
pass – muss sich das
Zusammenleben von
Wolf und Mensch noch
einpendeln.

8

der Einsatz von Herdenschutzhunden sowie das Arbeiten mit Nachtpferchen
sind in diesem Fall die zentralen Säulen im Herdenschutz. Wo diese Maßnahmen nicht möglich sind, muss die zukünftige Nutzung einzelner Flächen
grundsätzlich überdacht werden.

Die Regelung legaler Abschüsse ist so formuliert, dass eine flexible
Anwendung möglich ist. Die Schäden müssen in einem «angemessenen
Schadenperimeter» auftreten, und die Kantone können die Kriterien (Anzahl
Risse, Zeitspanne) «im angemessenen Rahmen den lokalen und regionalen
Gegebenheiten anpassen».

All das bewirkt, dass die Limite oft rasch erreicht ist. Von den 32 Wölfen,
die seit 1995 in der Schweiz nachweislich aufgetreten sind, wurden acht
legal geschossen.

Die schnelle Lösung ist indessen nicht unbedingt die billige: Zehn Wildhüter waren tagelang auf Staatskosten auf der Pirsch, um im Herbst 2006
den Wolf im Chablais VS zur Strecke zu bringen. Das Schweizer Fernsehen
bezifferte später die Kosten der ganzen Übung auf 210 000 Franken. Der Erfolg
war nicht durchschlagend: Die Schäden hatte eine Wölfin verursacht, doch
am Boden lag ein Rüde.

Deutschland

Nach dem Zweiten Weltkrieg wurden verschiedentlich einzelne Wölfe in den nördlichen Bundesländern nachgewiesen. Da die meisten Nachweise aus Brandenburg stammten, galt dieses Bundesland als Einwanderungsland Nr. 1 und bereitete sich mit einem Managementplan auf die Rückkehr des Wolfs vor.

Doch die Wölfe kehrten nicht dorthin zurück, wo sie erwartet wurden: 1995 tauchten sie weiter südlich in Sachsen auf und fünf Jahre später etablierte sich dort in der Oberlausitz ein erstes Rudel (siehe auch Seite 39). Doch bevor die Behörden Sachsens ein funktionierendes Wolfsmanagement aufgebaut hatten, kam es im Frühling 2002 zu einem ersten Konflikt mit der Landwirtschaft: Wölfe rissen 33 Tiere einer Schafherde. Jetzt mussten schnell Maßnahmen und Strukturen erarbeitet werden, um den verschiedenen Herausforderungen des Zusammenlebens von Wölfen und Menschen gerecht zu werden (seit 2009 gibt es einen «Managementplan für den Wolf in Sachsen»). Die größten Konflikte treten dabei mit der Jägerschaft auf, welche eine Beschränkung der eigenen Jagdmöglichkeiten befürchtet.

Die Landwirtschaft hat sich hingegen recht gut auf die Wölfe eingestellt. In der sächsischen Oberlausitz leben rund 6500 Schafe. Durch den Einsatz von Herdenschutzhunden und Elektrozäunen, sogenannten Euronetzen, mit denen die Schafherden eingekoppelt werden, konnten die Schäden stark reduziert werden. Die Verluste beschränkten sich in den letzten Jahren vor allem auf Schafe, die nachts im Wolfsgebiet ohne geeignete Umzäunung gehalten wurden. 2007/2008 kam es allerdings wiederholt zu Übergriffen auf geschützte Schafe, weil ein Wolf aus einem der sächsischen Wolfsrudel gelernt hatte, über Euronetzzäune zu springen. Im Territorium dieses Rudels haben die sächsischen Wolfsbeauftragten den Schafhaltern daraufhin Flatterbänder als zusätzlichen Schutz ausgehändigt. Das Flatterband ist eine mehrere Zentimeter breite Litze, die als zusätzliche optische Barriere über den Zaun gespannt wird, um ein Überspringen zu verhindern – bisher erfolgreich.

In einem Fall überwand indessen ein Wolf möglicherweise auch diese Litze. In der Folge wurden in die betroffene Herde Herdenschutzhunde eingeführt. Danach gab es keine weiteren Schäden. Die Herdenschutzhunde kamen aus der Schweiz. Die Schweizer Herdenschutzexperten Riccarda Lüthi (siehe Seite 165) und Walter Hildbrand haben sie in die Herde integriert.

Das Sächsische Wolfsmanagement wird unter der fachlichen Koordination durch das Senckenberg Museum für Naturkunde Görlitz im Auftrag des Staatsministeriums für Umwelt und Landwirtschaft durchgeführt. Dabei wur-

9 Auf den Spuren der Wölfe: Stephan Kaasche (links im Bild, siehe auch Seite 44) leitet eine Wolfsexkursion in der Oberlausitz.

10 Willkommen im Kontaktbüro Wolfsregion Lausitz!

den die beiden Biologinnen Ilka Reinhardt und Gesa Kluth des Wildbiologischen Büros LUPUS mit dem Monitoring und der wissenschaftlichen Erforschung der Wölfe in der Oberlausitz und mit der Gutachtertätigkeit in Schadens- und Problemfällen beauftragt.

Zweites wichtiges Standbein des Wolfsmanagements ist das Kontaktbüro Wolfsregion Lausitz, welches von der Forstingenieurin Jana Endel, unterstützt durch die Biologin Vanessa Ludwig, geleitet wird. In enger Zusammenarbeit mit dem Büro LUPUS ist sie für die Öffentlichkeitsarbeit zuständig, für die Organisation der regionalen Angebote wie Vorträge und Exkursionen (siehe auch Themenkasten Seite 12) und fungiert als Anlaufstelle für die Bevölkerung und für die verschiedenen Interessengruppen. Das Bedürfnis nach Information ist dabei sehr groß. Anfragen kommen aus ganz Deutschland, und fast täglich werden Vorträge oder Exkursionen durchgeführt. Auch Beobachtungen von Wölfen werden von der Kontaktstelle entgegengenommen und an die Biologinnen von LUPUS weitergeleitet. Von 2000 bis 2010 kamen hier über 1300 Wolfsbeobachtungen allein aus Sachsen zusammen. (Inzwischen bekommen wir Beobachtungen aus ganz Deutschland. Auf der Internetseite des Kontaktbüros können Sichtungen auch online gemeldet werden.) Die Meldungen erlauben dabei nicht nur, Informationen zu den Wölfen und ihren Aufenthaltsorten zu sammeln, sondern bieten gleichzeitig die Möglichkeit, mit den Leuten aus der Region in Kontakt zu kommen und Hintergrundwissen über Wölfe zu vermitteln.

Das dritte Standbein des Sächsischen Wolfsmanagements ist der Herdenschutz. Nutztierhalter werden über Schutzmethoden und Fördermöglichkeiten informiert. Vergrößert sich das Verbreitungsareal des Wolfes, werden die Nutztierhalter im Umkreis von dreißig Kilometer um das Vorkommensgebiet informiert, damit sie sich auf die neue Situation einstellen können. Ein Herdenschutzzentrum nach dem Vorbild der Schweizer Agridea ist geplant.

Neben den staatlich finanzierten Stellen spielen auch private Organisationen eine wichtige Rolle, welche sich für die Wölfe einsetzen. In Sachsen sind dies vor allem vier Organisationen:

- Der Naturschutzbund Deutschlands NABU: vor allem im Informations- und Kommunikationsbereich aktiv, z. B. mit Informationsbroschüren und einer Wanderausstellung zu Wölfen.
- Der Internationale Tierschutzfonds IFAW: unterstützt die Arbeit des Kontaktbüros auch finanziell, indem z. B. der Druck für Informationsblätter finanziert wird.
- Gesellschaft zum Schutz der Wölfe: Kleine, aber nicht minder wichtige Gruppierung, welche z. B. Schafrisse von Hobbyschafhaltern vergütet, da diese nach den bisher geltenden Richtlinien kein Anrecht auf staatliche

9

10

Entschädigung haben (die staatliche Entschädigungsrichtlinie wird derzeit überarbeitet).

- Freundeskreis Wölfe in der Lausitz: Verein von aktiven Leuten in der Region, die sich für die Wölfe einsetzen, indem sie z. B. Landwirten beim Aufstellen von Zäunen behilflich sind.

In den letzten Jahren wurde das Sächsische Wolfsmanagement laufend weiterentwickelt und neuen Situationen angepasst. Das Konzept darf als sehr erfolgreich bezeichnet werden. Die Erfahrungen fließen nun in ein Managementkonzept für ganz Deutschland ein, für welches 2007 vom Büro LUPUS ein Leitfaden erstellt wurde. Ziel ist eine lebensfähige deutsch-westpolnische Population. Als Weg wird ein pragmatisches Vorgehen mit möglichst wenigen Eingriffen in die Wolfspopulation empfohlen, basierend auf folgenden Eckpfeilern:

- wissenschaftlich fundiertes Monitoring,
- vorausschauende Konflikterkennung und Minimierung von Konflikten,
- bundesweit abgestimmte Prävention und Kompensation von Nutztierverlusten,
- intensive Öffentlichkeitsarbeit,
- enge Zusammenarbeit mit den betroffenen Interessengruppen.

Zurzeit gibt es in Deutschland noch keine einheitliche Regelung der Prävention und Kompensation von Schäden an Nutztieren. Noch immer haben nicht alle Bundesländer, in denen es wieder Wölfe gibt, entsprechende Vereinbarungen. Dies sollte sich nach den Empfehlungen des Wolfsmanagements in Zukunft ändern, denn Deutschland bietet große Gebiete mit potenziellen Wolfslebensräumen.

Österreich

Im Januar 1996 wurde bei Niederkappel in Oberösterreich ein 46 Kilogramm schwerer Wolfsrüde erlegt. Der Jäger hatte das Tier mit einem Fuchs verwechselt. Fast auf den Tag genau sechs Jahre danach fiel bei Bad Ischl, ebenfalls in Oberösterreich, erneut ein Wolf einer Verwechslung zum Opfer. Diesmal hatte der Schütze das Tier für einen streunenden Hund gehalten.

Zuvor hatte Österreich während rund 150 Jahren als wolfsfrei gegolten. In dieser Zeit waren bloß sporadisch Einzelwölfe im Land aufgekreuzt, letztmals 1973.

Österreich ist von Wolfspopulationen förmlich umzingelt: In der Slowakei leben schätzungsweise 500 Wölfe, in Slowenien knapp hundert, und auch für einen Wolf aus den italienischen Alpen ist Österreich problemlos erreichbar. Aus allen Vorkommen sind in letzter Zeit Wölfe eingewandert, insgesamt acht Individuen waren es seit 1996. Die erste Fortpflanzung auf Österreicher Boden ist wohl bloß noch eine Frage der Zeit.

Eine Studie italienischer Wissenschaftler, bei der ganz Mitteleuropa aufgrund von Faktoren wie Bewaldung, Beständen von potenziellen Beutetieren und Besiedelungsdichte bezüglich seiner Eignung als Wolfshabitat evaluiert wurde, ergab, dass ein Drittel Österreichs von Wölfen besiedelt werden könnte.

Polen

Um die tausend Tiere zählte der Wolfsbestand Polens nach dem Zweiten Weltkrieg. In den Nachkriegsjahren galt die Ausrottung der Art als staatliches Ziel, wozu auch Gift eingesetzt wurde. Letzteres wurde 1973 verboten. Zu dieser Zeit lebten noch rund hundert Wölfe, das Verbreitungsgebiet beschränkte sich auf den Osten des Landes. Zwei Jahre danach erhielt der Wolf den Status einer jagdbaren Art mit einer viermonatigen Schonzeit, und die Prämien für das Töten eines Wolfs wurden abgeschafft.

Jetzt ging es wieder aufwärts, und mehr und mehr tauchten Wölfe nun auch in den westlichen Landesteilen auf. 1995 wurde der Bestand auf 500 bis 700 Tiere geschätzt, davon lebten etwa fünfzig in Westpolen. Die wichtigsten Vorkommen liegen im Urwaldgebiet Białowieża im Norden sowie in den Karpaten im Süden des Landes, namentlich in den Bieszczady.

Für die Überwachung der polnischen Wolfspopulationen sammeln die einzelnen Forstämter übers Jahr alle Hinweise und machen im Winter bei Neuschnee Erhebungen im Feld. Die gemeldeten Daten werden zentral am Säugetierkundlichen Institut in Białowieża ausgewertet.

Seit 1998 ist der Wolf in ganz Polen geschützt. Dennoch stagnierte seither der Bestand. Er lag 2005 nach offiziellen Angaben bei 600 bis 700 Tieren. Einige Wissenschaftler halten 450 bis 550 Wölfe für realistischer. Im Westen des Landes leben heute gar erheblich weniger Wölfe als vor zehn Jahren. Die Ursache dafür ist wohl hauptsächlich die Wilderei. Schätzungsweise 25 bis 30 Prozent der Population kommen jährlich auf diese Weise ums Leben.

Es sind vor allem die Jäger, die Mühe haben, den Wolf zu akzeptieren. «Dieser Konflikt hat sowohl ökonomische als auch soziologische Wurzeln», schreiben die Wildbiologinnen Ilka Reinhardt und Gesa Kluth (siehe Seite 156 ff.), die sich näher mit den Wolfspopulation Polens befassten. «Da der Wolfsbestand seit der Unterschutzstellung nicht angestiegen ist und sich auch in der Fläche nicht ausgebreitet hat, ist davon auszugehen, dass die Wölfe heute nicht mehr Schalenwild töten als vor zehn Jahren.» Dennoch habe sich die ökonomische Situation der Jagdvereine deutlich verschlechtert, da der Preis für Wildfleisch so niedrig ist wie nie zuvor, während die Pachtpreise vielerorts kräftig angehoben wurden. «Eine veränderte Forstpolitik, die mit Nachdruck eine Verringerung der Waldschäden durch ein Absenken der Schalenwildbestände anstrebt, führte in vielen Gebieten tatsächlich zu einem Rückgang, vor allem der Rotwildbestände, der Haupteinnahmequelle der Jagdvereine.» Weniger virulent ist der Konflikt mit der Landwirtschaft. Der Herdenschutz

11 Wald im Nationalpark der Białowieża.

12 Dank Herdenschutz sind die polnischen Wölfe kein gravierendes Problem für die Landwirtschaft. Etwa sechzig Prozent aller Rudel vergreifen sich nie an Haustieren.

11

funktioniert gut, die Schafe sind nachts im Stall oder werden von Herdenschutzhunden bewacht (siehe auch Seite 90 f.). Etwa sechzig Prozent aller polnischen Wolfsrudel vergreifen sich nie an Haustieren, und nur zehn Prozent reißen mehr als zehn Kleintiere pro Jahr. Schäden an Nutztieren werden vom Staat vergütet. 2004 summierten sie sich auf 120 000 Euro oder 240 Euro pro Wolf. Gerissen werden hauptsächlich Schafe, ein knappes Viertel der Schäden betrifft Kälber, hinzu kommen ein paar Ziegen, Pferde – und Hunde: Im Herbst 2005 töteten Wölfe in einem relativ kleinen Gebiet dreißig Hunde. In der Folge erteilten die Naturschutzbehörden eine Bewilligung für den Abschuss von vier Wölfen im fraglichen Gebiet. Zwei wurden tatsächlich erlegt, danach traten keine Schäden mehr auf.

12

13 Piatra Mare-Gebirge
unweit von Brasov.

Rumänien

Rumänien ist ein veritabler Ballungsraum für große Beutegreifer. Das Land beherbergt die größten Populationen von Bär, Wolf und Luchs westlich von Russland. Zu diesen beachtlichen Wildtierbeständen beigetragen haben jedoch nicht allein die nur dünn besiedelten Gebirge und ausgedehnten Wälder Rumäniens, sondern auch die politischen Umstände in diesem Land: Nicolae Ceausescu, ab den 1960er-Jahren Rumäniens Staatschef, war ein fanatischer Trophäenjäger. Er hatte das exklusive Recht, Bären zu schießen, und die Bärenlebensräume waren daher strikt geschützt. Davon profitierten auch die Wölfe und Luchse.

Die viel zu zahlreichen Bären waren für die ländliche Bevölkerung allerdings ein großes Problem: Sie verursachten beachtliche Schäden in der Landwirtschaft, und auf dem Höhepunkt des «Bärenbooms» kamen jedes Jahr durchschnittlich vier Menschen durch Bären ums Leben.

Nach der politischen Wende im Jahr 1989 zählte die Bärenpopulation etwa 8000 Individuen. Heute sind es noch 5500. Dies wird von Wildbiologen als der Bestand angesehen, welcher der Lebensraumkapazität dieses Landes entspricht.

1996 ratifizierte Rumänien die Berner Konvention, wonach Wölfe, Bären und Luchse in Rumänien geschützt sind. Allerdings dürfen alle drei Arten in einem beschränkten Umfang und zu bestimmten Zeiten gejagt werden, beispielsweise in Gebieten, wo sie große Schäden bei den Viehbeständen verursachen. Der Wolfsbestand liegt bei 3000 Tieren. Die Art ist von Oktober bis Februar jagdbar, jährlich werden rund 300 Wölfe zur Strecke gebracht.

Schafhaltung ist in den rumänischen Karpaten ein wichtiger Erwerbszweig. Die Landwirte lieben die Bären und Wölfe nicht, doch sie kennen nichts anderes als das Zusammenleben mit ihnen. Da die Großraubtiere hier nie verschwunden sind, haben sich auch die traditionellen Herdenschutzmethoden mit Hirten und Hunden erhalten. Die Löhne sind tief. Es lohnt sich deshalb, auch Kleinherden von Hirten betreuen zu lassen. Die Schäden halten sich damit in Grenzen: Die Schäfer verlieren jährlich etwa ein Prozent ihrer Schafe an Bären und Wölfe.

In einem Gebiet bei der Stadt Brasov in den südlichen Karpaten wurde 1994 das *Carpathian Large Carnivore Project* (CLCP) lanciert, mit dem Ansatz, den Schutz von Großraubtieren und ihren Lebensräume in ein Programm der ländlichen Entwicklung zu integrieren. Das Projekt umfasste Forschungsarbeiten zu Wölfen, Bären und Luchsen, die Entwicklung von Management- und Schutz-

13

konzepten für diese Arten sowie ein Regionalentwicklungsprogramm. Das Ziel war, ein Modellgebiet für das Zusammenleben von Großraubtier und Mensch zu schaffen. Bär, Wolf und Luchs sollten keine Gefahr mehr für die Herden und keine wirtschaftliche Bedrohung für die Bevölkerung darstellen, sondern im Gegenteil eine Chance für die nachhaltige Entwicklung sein.

Geleitet wurde das Projekt gemeinsam von Ovidiu Ionescu von der Rumänischen Forstverwaltung und dem deutschen Wolfsforscher Christoph Promberger. Lokale Naturschutzverbände und Gemeinden rund um den Nationalpark Piatra Craiului (Königsstein) arbeiteten partnerschaftlich mit.

15 Wölfe, zwölf Bären und drei Luchse wurden mit Halsbandsendern versehen und in ihrer Aktivität überwacht, darunter auch die Wölfin «Timisch», das Muttertier eines fünfköpfigen Rudels. Einmal hatte Timisch ihre Wurfhöhle in einem alten Buchenbestand, keine 300 Meter vom Stadtrand entfernt. Der Lärm der Fabriken und der Autos war hier hörbar – außer, wenn das Geheul der Wölfe ihn übertönte. Dennoch verirrte sich kaum je ein Mensch hierhin. Brasovs Wälder reichen zwar bis hart an den Stadtrand, sind aber riesig, steil und zerklüftet und wenig begangen.

14

Die nächtlichen Streifzüge führten die Wölfin manchmal zu den Abfallhalden Brasovs oder zu den Schafherden am Stadtrand. Wenn sie im Morgengrauen in den Wald zurückkehrte, bewegte sie sich vorbei an Leuten, die auf den Bus warteten, zu Fuß oder per Fahrrad unterwegs zur Arbeit waren. Sie wich ihnen geschickt aus: Niemand merkte etwas von ihr.

Die Observation Timischs und der anderen sendermarkierten Tiere erbrachte nützliche Erkenntnisse für den Herdenschutz. Als besonders wirksam erwiesen sich Elektrozäune. Sie bilden neben der Behirtung der Herden und Herdenschutzhunden einen zentralen Baustein im Großraubtierschutz Rumäniens.

Skandinavien

14 Wolf auf dem Gipfel eines bewaldeten Hügels in den rumänischen Karpaten.

Bis zuletzt hatte der schwedische Staat Prämien für erlegte Wölfe bezahlt, 1966, als in ganz Skandinavien kein einziger mehr übrig war, stellte er die Art unter Schutz.

Ende der 1970er-Jahre tauchte im Süden Skandinaviens, im Grenzgebiet von **Schweden** und Norwegen, erstmals wieder ein Wolfsrüde auf, wenige Jahre danach auch eine Wölfin. Spätere Untersuchungen belegten, dass die Tiere aus der finnisch-russischen Population eingewandert waren. Im Winter 1982/1983 fanden sich die beiden, sechs Welpen zählte der erste Wurf. In den Folgejahren gab es nahezu alljährlich Nachwuchs, doch die Jungtiere starben alle früher oder später nach ihrer Abwanderung. Der Bestand stagnierte bei weniger als zehn Tieren.

1990 wanderte erneut ein Wolfsrüde ein und pflanzte sich ein Jahr danach fort. Mit der Ansiedlung eines zweiten Paares begann eine stetige Aufwärtsentwicklung. 2002 wurde die Population auf hundert Individuen geschätzt, derzeit sind es rund 220.

Mehr sollen es nicht werden, findet die schwedische Regierung. 2010 wurden deshalb 27 Tiere zum Abschuss freigegeben. Die Jäger erfüllten die Quote innert vier Tagen. Trotz Protesten aus dem In- und Ausland beschloss man 2011 erneut, Reduktionsabschüsse zu tätigen, diesmal wurde die Quote auf zwanzig Tiere festgesetzt.

Mit etwa zwanzig sich fortpflanzenden Paaren hat die schwedische Wolfspopulation noch nicht annähernd die minimale Größe für eine dauerhaft gesicherte Existenz erreicht – zumal sie stark isoliert ist und unter Inzucht leidet. Mithilfe von genetischen Untersuchungen, der Radiotelemetrie und dem Absuchen nach Fährten der Tiere im Schnee gelang es bei 24 der 28 Paare, die sich zwischen 1983 und 2002 fortpflanzten, den Stammbaum zu rekonstruieren. Es zeigte sich, dass tatsächlich das gesamte Vorkommen auf die drei Gründertiere zurückgeht. Erst 2007 stieß ein weiterer Immigrant hinzu. Im Juli 2007 belegte ein Kot neben einem gerissenen Rentier die Zuwanderung eines finnisch-russischen Wolfs.

Die Variabilität in den Genen, die für die Immunabwehr zuständig sind, ist denn auch im Vergleich zu anderen Populationen erheblich reduziert.

Zwar sind in all den Jahren wiederholt Wölfe nach Schweden eingewandert, doch blieben die Nachweise auf die nördlichsten Teile des Landes beschränkt. Weiter kamen die Tier fast nie, denn der Weg ist gefährlich. Die nördlichen Landesteile Schwedens, rund vierzig Prozent der Landesfläche,

15 Wald, so weit das Auge reicht: Skandinavien bietet noch auf großer Fläche ausgezeichnete Lebensräume für Wölfe.

16 In Schweden sind spezialisierte Wildhüter damit beauftragt, den Spuren der Wölfe zu folgen, bei Konflikten tätig zu werden und die Bevölkerung zu informieren.

sind als Rentierzone ausgeschieden. Hier hat die indigene Bevölkerung – die Samen – ein verbrieftes Recht, Rentiere weiden zu lassen.

Die Rentiere Skandinaviens leben halb wild und verteilen sich sehr weiträumig in ihrem Lebensraum. Sie vor Angriffen zu schützen ist nur sehr begrenzt möglich. In der Rentierzone sind Wölfe deshalb nur mit starken Einschränkungen geduldet. Der Austausch zwischen den getrennten fennoskandischen Wolfspopulationen ist damit massiv behindert.

Es gibt deshalb Pläne, mit der Aussetzung von Wölfen im Süden des Landes für Blutauffrischung zu sorgen.

Das Verbreitungsareal der schwedischen Wolfspopulation erstreckt sich auch auf norwegisches Gebiet, wo ein bis zwei Dutzend Wölfe leben. **Norwegen** verfolgt eine sehr restriktive Politik gegenüber großen Beutegreifern. Hier ist hauptsächlich die Schafhaltung der wunde Punkt. Etwas mehr als zwei Millionen Schafe weiden im Sommer im Berggebiet, die meisten unbeaufsichtigt. Entsprechend sind die Verluste. In keinem anderen Land reißen so wenige Großraubtiere so viele Schafe wie in Norwegen. Jährlich werden um die 30 000 tote Schafe als Raubtierrisse entschädigt, hinzu kommen 10 000 bis 15 000 getötete Rentiere. Der Wolf ist nicht der Haupttäter. Am meisten Nutztiere holt sich der Vielfraß, gefolgt vom Luchs und vom Bären.

Auch in Norwegen ist der Wolf formell geschützt, doch die Politik legt den Schutzstatus recht frei aus. 2003 beschloss das Parlament, im Land maximal drei Wolfsrudel innerhalb einer 25 000 Quadratkilometer großen Zone an der schwedischen Grenze zu dulden.

In den letzten zehn Jahren wurden in Norwegen 62 Wölfe erlegt, teils vom Helikopter aus. Die Aktionen lösten zuweilen heftige Proteste der Schutzorganisationen im In- und Ausland aus, aber auch diplomatische Verstimmungen mit dem Nachbarn. Die Präsenz der Wölfe verunmögliche die Schafhaltung im betroffenen Gebiet, begründete die norwegische Regierung ihre Politik. Auch die Jagd sei beeinträchtigt, die Lebensqualität der Bevölkerung leide. Ihr gegenüber müsse ein Zeichen gesetzt werden.

Illegale Tötung kommt in beiden skandinavischen Ländern öfters vor. Eine Erhebung brachte 38 wahrscheinliche Fälle von Wilderei seit der Einwanderung der ersten Wölfe Ende der 1970er-Jahre zum Vorschein.

15

16

Begegnungen

«Jetzt ist bei dir grad der Wolf am Haus vorbei.»

Barbara Moser, Bäuerin, Berner Oberland, 28. März 2007

(aufgezeichnet von Sandra Gloor)

«Jetzt ist bei dir grad der Wolf am Haus vorbei. Ich bin in einer Minute bei dir.» Das war meine Nachbarin Käthi Saurer, ihre Stimme am Telefon klang ganz aufgeregt. Ich war gerade in der Küche an diesem strahlend schönen, aber kühlen Morgen im vergangenen Frühling. Ich habe alles fallen- und liegenlassen und bin nach draußen gerannt.

Da sah ich ihn: Er stand bereits auf dem Militärgelände, das gleich hinter unserem Bauernhof beginnt, hielt kurz inne und überlegte sich wohl, wohin er gehen sollte. Das stattliche Tier machte einen ruhigen Eindruck, als wäre es das Selbstverständlichste der Welt, dass er da am helllichten Tag durch besiedeltes Gebiet spaziert.

Als Käthi dahergeradelt kam, war der Wolf vielleicht etwa 200 Meter von uns entfernt. Er lief über eine Panzerpiste und verschwand schließlich im Gebüsch. Wir umrundeten mit unseren Fahrrädern die Panzerpiste und waren kurz darauf an der Stelle, wo wir ihn zum letzten Mal gesehen hatten. Wir fanden aber keine Spuren, fuhren noch etwas weiter, aber der Wolf blieb verschwunden.

Wir kehrten nach Hause zurück, immer noch aufgeregt und ganz durchfroren. Ich kochte uns Kaffee, während Käthi den Wildhüter anrief. Der staunte nicht schlecht und war wenig später zur Stelle. Er berichtete, dass in der Nacht zuvor in der Nachbargemeinde Thierachern Schafe gerissen worden waren und man bereits den Verdacht hatte, es könnte ein Wolf gewesen sein.

Käthi erzählte uns, wie sie den Wolf zuerst gesehen hatte. Sie hatte zum Küchenfenster hinausgeschaut und zuerst gemeint, dass da ein Reh vom Amsoldinger Schloss heraufkomme. Als das Tier näher kam, dachte sie an einen Hund, aber dann schoss es ihr plötzlich durch den Kopf: «Das ist ein Wolf!» Da war er schon zu unserem Hof unterwegs, und sie hat mich angerufen. Schade, hat sie ihren Fotoapparat nicht mitgenommen, sie ist eine so gute Fotografin. Aber in solchen Augenblicken ist man wohl zu aufgeregt, um an so etwas zu denken.

Ich habe in den nächsten Tagen der Schlossherrin von Amsoldingen von der Begegnung mit dem Wolf berichtet. Sie machte große Augen und erzählte dann, dass sie den Wolf wohl auch gesehen habe. Es sei ein großes Tier durch ihren Garten gelaufen. Sie habe zuerst gedacht, dies sei ein merkwürdiger Hund, so einen habe sie noch nie gesehen. Auf die Idee, dass es ein Wolf sein könnte, kam sie selber nicht. Der Zeitpunkt ihrer Beobachtung und jener unserer Begegnung mit dem Wolf passten aber perfekt zusammen.

Meine Familie dachte zuerst, dass ich ihnen einen Bären aufbinden wolle. Doch der Wolf wurde in den nächsten Tagen noch von verschiedenen Leuten beobachtet, und am Schluss hat ihn auch der Wildhüter noch gesehen. Danach hat man nichts mehr vom Wolf gehört.

Für mich ist diese Beobachtung etwas ganz Besonderes, obwohl ich zwei Seelen habe in meiner Brust. Ich bin selber Bäuerin. Wir haben zwar keine Schafe, aber ich kann gut nachvollziehen, dass die Schafhalter keine Freude haben am Wolf und denken, dass wir den nicht brauchen. Hier in der Schweiz ist man sich nicht gewohnt, dass man die Herden schützen muss. Und es ist natürlich schlimm, wenn man Verluste hat.

Trotzdem war diese Begegnung wirklich sehr speziell. Im ersten Augenblick, da hat einfach die Faszination überwogen, da war keine Spur von Angst, kein Zögern, nur der Wunsch, ganz schnell nachschauen zu gehen, wo der Wolf war, und ob man ihn nochmals sehen würde. Das waren sehr intensive Momente, die Käthi und ich da zusammen erlebt haben – ich werde das nie mehr vergessen.

Diskussionen rund um die Rückkehr
des Wolfs verlaufen oft hitzig.
Vor allem, wenn sich Naturschützer
und Jäger oder Schafhalter
gegenübersitzen.

Von Menschen und Wölfen

Während die einen von Wildheit und Ursprünglichkeit, von einer Rückerobe-rung durch die Natur sprechen, fallen bei den anderen Ausdrücke wie «blut-rünstige Bestie» und «Rückfall ins Mittelalter». Im Bestseller «Die Wolfsfrau – die Kraft der weiblichen Urinstinkte» der amerikanischen Schriftstellerin und Psychoanalytikerin Clarissa Pinkola Estes wird die Wölfin zum Symbol der natürlichen Instinkte und der urtümlichen Kräfte der Frauen. «Die Wolfsfrau», 1992 erschienen, wurde über Nacht zum Kultbuch.

Auf der anderen Seite löst die Rückkehr der Wölfe in Gebiete, aus denen sie im 19. und 20. Jahrhundert verschwunden sind, bei manchem ungeahnte Ängste aus, die oft als «Urängste» und als «angeboren» bezeichnet werden. Wie aber hat die Beziehung von Mensch und Wolf im Verlauf der Geschichte ausgesehen? Waren Wölfe und Menschen immer schon Feinde und der Wolf ein wildes Raubtier, das den Menschen in Angst und Schrecken versetzte?

Mensch und Wolf in der Steinzeit

Die ersten paläontologischen Funde von Wölfen stammen aus der Zeit vor rund 800 000 Jahren. Die Vorgänger des modernen Menschen, Jäger und Sammler, zogen damals bereits in kleineren und größeren Gruppen durch die Kältesteppen Europas. Einige wenige Knochenfunde an Lagerstätten der Menschen aus jener Zeit könnten darauf hinweisen, dass Wölfe manchmal erbeutet und verspeist wurden. Den Großteil der Beutetiere des Menschen machten jedoch Rentiere aus. Schmuckfunde zeigen, dass Wolfsknochen und Wolfszähne zu Schmuck verarbeitet wurden. Die erste Wolfsdarstellung stammt jedoch aus viel jüngerer Zeit. Sie entstand vor 22 000 bis 12 700 Jah-ren v. Chr. in der Grotte Font-de-Gaume in Westfrankreich. Allerdings tau-chen Wölfe auf Höhlenmalereien nur selten auf. Wildrinder, Auerochsen, Pferde und Hirsche waren in jener Zeit als Beutetiere viel beliebtere und zentralere Motive für die steinzeitlichen Jäger.

Wie die Menschen damals über den Wolf dachten, wissen wir nicht. Wölfe waren zwar durch ihre Lebensweise Nahrungskonkurrenten der Menschen, was aber bei dem Überfluss an Beutetieren kaum ins Gewicht gefallen sein dürfte. Gut möglich also, dass das Verhältnis der Menschen zu ihnen mit jenem späterer Jäger- und Sammlerkulturen des Nordens vergleichbar ist, deren Lebensweise und Mythen bis heute überliefert sind. Die Indianer und Inuits Nordamerikas sahen in den Wölfen ein gleichwertiges Wesen, einen

1 Urzeitliche Fels-zeichnung «Newspaper Rock» in Utah, USA. Das Bild zeigt einen jagenden Menschen. Oben rechts erkennt man auch einen Wolf oder einen Kojoten.

2 Wolf an Totempfahl:
    Ketchikan, Alaska.

3 Die Jäger- und Sammler-
    völker betrachteten
    den Wolf wegen seiner
    dem Menschen
    ähnlichen Lebensweise
    als verwandtes Wesen.

Bruder. Sie wurden wegen ihrer Schlauheit und ihres Mutes bewundert.
Wölfe traten als Familienabzeichen gleichermaßen auf wie als Schutzgeist,
wie zum Beispiel Wolfdarstellungen in indianischen Totempfählen zeigen
(siehe auch Abb. 2). Ähnlich war es bei vielen Jägervölkern Asiens. Dschin-
gis Khan, der mongolische Herrscher aus dem 12. Jahrhundert, wies stolz auf
einen Wolf in seiner Ahnenreihe hin.

Solange der Mensch als Jäger und Sammler unterwegs war, löste der Wolf
bei ihm kaum Urängste aus.

3

Der Wolf wird dem sesshaften Menschen zum Feind

Zu einem grundlegenden Wandel in diesem Verhältnis kam es, als der Mensch sesshaft wurde und begann, Kulturpflanzen anzubauen und Haustiere zu halten. Keine Entwicklung zog so tief greifende Veränderungen nach sich wie dieser Wandel. Er begann vor 12 000 Jahren im Osten und breitete sich innerhalb nur weniger tausend Jahre nach Westen aus. Das Schaf und die Ziege wurden domestiziert, wenig später kamen Schwein und Rind hinzu.

4 Der Wolfskopf, ein
eindrückliches Sujet:
Odin, der Göttervater
und Kriegsgott der
Germanen, erscheint
auf Bildern manchmal
mit einem Wolfskopf.

Der Wolf wurde damit zur Bedrohung, zwar nicht für den Menschen direkt, wohl aber für seine Lebensgrundlage, für die Haustiere.

Hunde, Nachfahren der Wölfe und die ersten domestizierten Tiere überhaupt, waren damals bereits regelmäßige Begleiter des Menschen (siehe auch Seite 150). Mit dem Einsetzen der Sesshaftigkeit des Menschen übernahm der Hund wohl nach und nach die Rolle, die er auch heute in Regionen, in denen Wölfe heimisch sind, innehat: Er hilft Schafe, Ziegen und andere Nutztiere vor Wölfen zu schützen.

Der Wolf in der Antike

Ein zwiespältiges Bild des Wolfs ist von antiken Mythologien und Sagen überliefert. Allgemein bekannt ist etwa die Geschichte von Romulus und Remus, nach der römischen Mythologie die Gründer der Stadt Rom, die von einer Wölfin aufgezogen worden waren. Nach Plutarch waren Romulus und Remus die Söhne einer Priesterin und des Kriegsgottes Mars. Die beiden Kinder wurden als Gefahr für den König angesehen und von diesem deshalb ausgesetzt. Eine vom Schreien der Kinder angelockte Wölfin (ein Tier des Kriegsgottes Mars) brachte sie in ihre Höhle und säugte sie, bis ein Hirte die beiden entdeckte und zu sich nahm. Interessant ist, dass mit dem Wort «Lupae» nicht nur Wölfinnen, sondern auch die Priesterinnen der *Lupa,* der als Liebesgöttin verehrten Wölfin, sowie Prostituierte bezeichnet wurden. Möglicherweise wurde die Geschichte mit der Wölfin den Zwillingen somit erst später angedichtet, um ihre göttliche Herkunft zu unterstreichen.

Aber die antike Sagenwelt kennt Wölfe auch als Vertreter des Bösen. So trat in Homers *Ilias* der Kriegsgott Ares in Begleitung von grimmigen Wölfen auf, und Zeus, der höchste Gott der Griechen, verwandelte Lykaon von Arkadien, der ihm ein geschlachtetes Kind zum Mahl vorgesetzt hatte, zur Strafe in einen Wolf, «die Verkörperung der Wildheit».

4

Der Wolf bei den Germanen

In der altgermanischen Mythologie war der Wolf Symbol sowohl für dunkle Mächte als auch für Mut und Zusammenhalt. Odin, auch Wotan genannt, der Göttervater und Kriegsgott, wird manchmal mit Wolfskopf abgebildet. Odin wurde begleitet von seinen beiden Wölfen Geri und Freki («Gierig» und «Gefräßig»), die ihm bei der Jagd halfen. Das Ende der Welt, die Götterdämmerung oder Wolfszeit, brachte der Fenriswolf, der selbst von Odins Sohn Vidar getötet wurde.

Wölfe wurden jedoch auch mit den Eigenschaften wie Kraft, Mut und Treue verbunden. Dieser Charakterzüge wegen gaben Germanen ihren Kindern nicht selten Namen, die Wölfe nannten, zum Beispiel Wolfgang oder Wolfram, aber auch Adolf oder Rudolf, Namen, die zum Teil auch noch heute gebräuchlich sind.

5 Triebtäter: Im Rot-
käppchen erscheint
der Wolf auch als
der Bösewicht, der das
unschuldige Kind vom
rechten Weg abbringt.
*(Illustration aus einer
französischen Märchen-
sammlung aus dem
19. Jahrhundert von
Gustave Doré).*

Wölfe im Christentum

Während in den alten Überlieferungen von Griechen, Römern und Kelten noch ein zwiespältiges Bild des Wolfs gezeichnet wurde, ist der Wolf im Christentum ausschließlich mit negativen Eigenschaften verbunden. In Palästina lebten zur Zeit der Entstehung des Alten Testaments vor rund 3000 Jahren Hirtenvölker, für deren Herden der Wolf eine Bedrohung war, und die Haltung von Nutztieren spielte auch zur Zeit, als das Neue Testament entstand, eine zentrale wirtschaftliche Rolle. Kein Wunder, dass in der Bibel das Bild des Wolfs negativ geprägt ist.

Von guten Hirten wird berichtet, welche ihre Schafe und Lämmer vor den reißenden Wölfen beschützten. So heißt es an einer Stelle im Alten Testament (Hesekiel 22, 27): «Die Fürsten von Jerusalem gleichen den räuberischen Wölfen, denn sie vergießen Blut und stürzen Menschen ins Verderben des niedrigsten Gewinnes wegen.» Im Neuen Testament findet sich folgende Stelle in der Bergpredigt: «Hütet euch vor den falschen Propheten. Sie kommen zu euch in Schafskleidern, inwendig aber sind sie reißende Wölfe.» Die Metapher vom Wolf im Schafspelz hat bis in die heutige Zeit überlebt.

Der Wolf im Mittelalter

Während des Mittelalters setzte sich in der Landwirtschaft die Dreifelderwirtschaft durch, Brachland wurde urbar gemacht, und die Wälder wurden als Weiden genutzt. Gleichzeitig nahm die Bevölkerung stetig zu. Der Mensch drang damit weiter in den Lebensraum des Wolfs vor als bisher. Immer häufiger wurde von Übergriffen von Wölfen berichtet, nicht nur auf Haustiere, sondern auch von solchen auf Menschen.

Kaiser Karl der Große (742 – 814) verpflichtete seine Ritter zur Hatz nicht nur auf die heidnischen Sachsen, sondern auch auf die Wölfe, und er rief jedermann auf, Wölfe mit allen erdenklichen Methoden zu töten. Besonders ausgebildete Wolfsjäger, die «Luparii» oder «Louvetiers», waren mit Privilegien ausgestattet und bildeten bald eine eigene, einflussreiche Gilde. Für die Wolfsjagd wurden große Hunderassen gezüchtet, etwa der irische Wolfshund, ein sanftmütiger Riese, der nicht nur in der Jagd auf Wölfe, sondern auch in der Bärenjagd eingesetzt wurde. In jener Zeit nahm eine Entwicklung ihren Anfang, die im 18. und 19. Jahrhundert ihr Ende fand: die gnadenlose Verfolgung und schließliche Ausrottung des Wolfs.

Märchen, Fabeln und Mythen

5

Aus dem antiken Griechenland sind die Tierfabeln des Äsop überliefert, die im Mittelalter weit verbreitet waren und den Ursprung von vielen volkstümlichen Fabeln und Märchen bildeten. Der Name «Isegrim» (althochdeutscher Männername Isangrīm, eigentlich «Eisenhelm») findet Einzug in die Fabeln als Name für den Wolf. Der Wolf spielt in den Fabeln oft eine boshafte, verschlagene, aber einfältige Rolle. Er ist zwar stark, aber auch dumm, weshalb er nicht selten vom schwächeren, aber schlaueren Fuchs übertölpelt wird. Der Wolf verkörpert darin die allmächtige Oberschicht oder auch die als bedrohlich empfundene und zu bändigende Natur, welche vom schwächeren, aber denkenden Menschen, symbolisiert durch den Fuchs, besiegt wird. Später, während der Reformationszeit und der Bauernkriege, gewannen Fabeln eine politische Dimension. Der Wolf wurde zum Symbol für den tölpelhaften, groben und einfältigen Bauern, der die alte Ordnung stört.

Eine negative Rolle spielt der Wolf auch in den Märchen «Rotkäppchen und der Wolf» und «Der Wolf und die sieben Geißlein». Beide Geschichten erscheinen 1812 im ersten Band der «Kinder- und Hausmärchen» der Gebrüder Grimm. Vor allem das Rotkäppchen war damals aber bereits in ganz Europa in verschiedenen Versionen verbreitet, und die Entstehungsgeschichte dieses Märchenstoffs reicht in viel frühere Zeiten zurück. Der Wolf ist hier nicht nur der gefräßige Bösewicht, der das unschuldige Kind vom rechten Weg abbringt, sondern wird auch als Symbol des Triebtäters gedeutet, vor dem sich das naive Mädchen in Acht nehmen soll. In der französischen Version, die bereits 1697 unter dem Titel «Le petit chaperon rouge» von Charles Perrault veröffentlicht wurde, wird die sexuelle Komponente des Märchens dadurch unterstrichen, dass sich das Rotkäppchen auf Geheiß des Wolfs nackt zu ihm ins Bett legen muss. Anschließend wird es vom Wolf gefressen und, anders als in der deutschen Version, in der ein guter Jäger zu Hilfe eilt, nicht gerettet.

Von Wolfsprozessen und Werwölfen

Dass Wölfe während des Mittelalters mehr und mehr zum Sinnbild des Bösen, der Gefahr und des Teufels wurden, war der herrschenden Schicht und der Kirche gerade recht. Wölfe und die Furcht vor ihnen wurden von der Obrigkeit zur Stabilisierung ihrer Vormachtstellung instrumentalisiert, indem sie die allgemein verbreitete Angst zusätzlich schürte. Für die Adligen, welche nicht selten das alleinige Jagdrecht innehatten, waren die Wölfe, die sich an ihrem Wildbret gütlich taten, zudem unliebsame Diebe, die es auszumerzen galt. Mit Gesetzen und Prämien für getötete Wölfe wurde das Volk angespornt, sich an der Wolfsjagd zu beteiligen.

Vor allem während der Inquisition wurden Wölfe beispiellos verteufelt. Der französische Richter und Hexeninquisitor Bodin schrieb in seinem 1587

6 Der entartete Mensch:
Ein Werwolf-Bild aus
dem 16. Jahrhundert
*(Lucas Cranach der
Ältere, Holzschnitt,
1512).*

6

erschienenen und in ganz Europa verbreiteten Buch «Geisterglauben der Zauberer», es gebe überhaupt keine richtigen Wölfe, sondern nur Zauberer und Hexen, welche die Gestalt von Wölfen angenommen hätten. Gelang es, Wölfe lebend zu fangen, wurde ihnen deshalb nicht selten der Prozess gemacht, an dessen Ende sie zum Tod durch Erhängen verurteilt wurden.

Verfolgt wurden aber nicht nur Wölfe, sondern als Gegenstück zu den Hexen auch sogenannte Werwölfe, Menschen also, meist Männer, die sich scheinbar in reißende Wölfe verwandeln konnten und Tod und Verderben brachten. Die Wurzeln des Glaubens an diese vermeintliche Fähigkeit, der Lykanthropie (gr. «lykos» Wolf und «anthropos» Mensch), sind bereits in der Antike zu finden. Nie vorher und nie nachher nahm die Verfolgung von Werwölfen jedoch ein solch absurdes Ausmaß an wie im ausgehenden Mittelalter. Hunderte von Menschen wurden der Lykanthropie bezichtigt, gefoltert und landeten auf den Scheiterhaufen der Inquisition.

Werwölfe als Symbol für nicht zu bändigende Wildheit und Grausamkeit geisterten weiterhin durch die Jahrhunderte. Gegen Ende des Zweiten Weltkriegs etwa gründete Reichsführer-SS Heinrich Himmler die Freischärler- und Kämpferorganisation «Werwolf», die den alliierten Truppen aus dem Untergrund heraus Verluste beibringen sollte. Auch Hollywood ließ sich in verschiedenen Filmen von dem Thema inspirieren.

Die wohl neuste Version von Werwölfen findet sich in den Harry-Potter-Romanen der britischen Schriftstellerin Joanne K. Rowlings. Dort wird der Lehrer Remus Lupin als ein «guter» Werwolf beschrieben, der darunter leidet, dass er sich von Zeit zu Zeit in einen Wolf verwandelt. Lupins Gegenspieler ist der «Deatheater» und Werwolf Fenrir Greyback, der an Grausamkeit kaum zu überbieten ist.

Übergriffe auf Menschen

Woher aber stammen diese blutrünstigen Geschichten über Werwölfe? Sind sie nur ein Produkt der mittelalterlichen Massenhysterie, oder liegt in ihnen auch ein Funke Wahrheit? Angesichts der überlieferten Beschreibungen des Verhaltens dieser Werwölfe, liegt der Schluss nahe, dass es sich dabei um tollwütige Wölfe gehandelt haben könnte. Auch tollwutkranke Menschen konnten für Werwölfe gehalten werden. Die Symptome dieser Krankheit passen zur Beschreibung von Werwölfen: Anfälle, bei denen der Erkrankte wild um sich zu beißen beginnt, Angst vor Wasser, aber gleichzeitig starker Durst, was zu spastischen Schluckkrämpfen führt.

Neben den Geschichten von Werwölfen sind aus dem Mittelalter und der Renaissance zahlreiche Berichte überliefert, die von furchtbaren Übergriffen von Wölfen oder ganzen Wolfsrudeln auf Menschen erzählen. Ist der Wolf tatsächlich diese aggressive Bestie, die sich bei jeder Gelegenheit auf Menschen stürzt, um sie zu beißen und zu töten?

Gleich zwei umfangreiche Studien aus neuerer Zeit gingen dieser Frage nach und untersuchten Dokumente von Wolfsangriffen vom 16. bis zum 21. Jahrhundert aus Europa, Nordamerika, Indien, China und Japan (siehe auch Seite 194 f.). Beide Studien kommen zu einem eindeutigen Schluss: Wölfe sind zwar wegen ihrer Größe und Kraft durchaus fähig, Menschen anzugreifen, zu verletzen oder gar zu töten, sie tun dies jedoch extrem selten. Wild lebende Wölfe sind von Natur aus sehr scheu und weichen direkten Begegnungen mit dem Menschen aus.

Zu Wolfsübergriffen kann es in seltenen Fällen trotzdem kommen, immer sind sie jedoch mit speziellen Umständen verbunden. So können verschiedene einschlägige Berichte dadurch erklärt werden, dass die Wölfe tollwütig waren. Bei einigen der Angreifer dürfte es sich zudem nicht um Wölfe, sondern um Wolf-Hund-Mischlinge oder auch um verwilderte Hunde gehandelt haben. Es fällt außerdem auf, dass entsprechende Vorkommnisse besonders aus Kriegs- und Hungerzeiten oder Seuchenzügen überliefert sind. In solchen Perioden starben die Menschen oft schneller, als die Totengräber sie begraben konnten, und Wölfe fraßen die nicht bestatteten oder nur notdürftig verscharrten Leichen. Dass in solchen Situationen gelegentlich auch lebende Menschen angegriffen wurden, lässt sich nicht ganz ausschließen.

Wolfsbilder der heutigen Zeit

Im 20. Jahrhundert, als die Wölfe aus vielen Ländern Europas verschwunden waren, begann sich das Bild dieses Tiers in der Bevölkerung zu wandeln. Verschiedene Wolfsdarstellungen in Literatur und Film dürften zu dieser Tendenz beigetragen haben. Bereits Ende des 19. Jahrhunderts nimmt Rudyard Kipling im «Dschungelbuch» (1895 erschienen) das Motiv des «Wolfskindes» auf und erzählt die Geschichte des kleinen Jungen Mowgli, der von einem Wolfsrudel adoptiert wird. Von den Wölfen wird hier – im Gegensatz zum Tiger – ein positives Bild gezeichnet.

Ein wichtiges Beispiel für den Wandel der Wolfsdarstellungen ist die Erzählung «Never Cry Wolf» des Kanadiers Farley Mowat, 1963 in Kanada veröffentlicht und 1971 unter dem Titel «Ein Sommer mit Wölfen» in Deutsch erschienen. Darin wird die Geschichte eines Biologen geschildert, der in den Weiten von Kanadas Norden das Leben der Wölfe erforscht und dabei den Ausrottungsfeldzug der Regierung gegenüber diesen Wildtieren anprangert. Die Geschichte ist umwerfend geschrieben, und obwohl sie frei erfunden und nicht immer wirklichkeitsnahe ist, stieß das Büchlein in Kanada auf ein riesiges Echo und führte zum Umdenken der Kanadier in ihrer Einstellung gegenüber den Wölfen.

Ein Meilenstein in der Verbreitung eines positiven Wolfsbildes ist das Westernepos «Dances with wolves» mit dem Hollywoodstar Kevin Kostner in der Hauptrolle, das 1990 in die Kinos kam. Darin erhält ein Offizier der Vereinigten Staaten zur Zeit des Amerikanischen Bürgerkriegs von einem Sioux-Stamm den Namen «Der mit dem Wolf tanzt». Damit anerkennen sie ihn als einen der Ihren. Im Film werden die Wölfe und zusammen mit ihnen die Indianer zum Sinnbild für die Freiheit und das Einswerden mit Mutter Natur.

Deutungsmuster in der Bevölkerung

7 Rudyard Kipling erzählt im Dschungelbuch die Geschichte von Mowgli, der von Wölfen aufgenommen wurde. *Illustration aus einer Ausgabe von 1901.*

Die positiven Wolfsbilder und die Verklärung dieser Wildtierart stehen aber nach wie vor den tief verwurzelten Ängsten vor Wölfen gegenüber. Diesen Zwiespalt beschreibt Urban Caluori in seiner Arbeit über die Deutungsmuster des Wolfs in der Schweizer Bevölkerung. Er nennt drei Idealtypen von Einstellungen gegenüber dem Wolf in der Bevölkerung: den modernen Wolfsgegner, den postmodernen Wolfsfreund und den ambivalenten Wolfsfreund. Der Letztere «stilisiert den Wolf zum positiv bewerteten, janusköpfigen Symbol, in dem sowohl das gesellschaftlich konforme Sozialverhalten in der Rolle des Rudeltiers als auch die Durchsetzungsfähigkeit des Individuums als Einzeltier zum Ausdruck kommt». Aufgrund seiner Analysen geht Caluori davon aus, «dass die Haltung des ambivalenten Wolfsfreundes labil ist und bei einer konkreten Anwesenheit des Wolfes in Ablehnung umschlagen kann», und Caluori vermutet, dass möglicherweise eine Mehrheit der Bevölkerung diesem Typus angehört.

Längerfristig können sich Wölfe nur in Gebieten halten, in denen sie von der Bevölkerung akzeptiert werden. Es wird deshalb Zeit, dass sowohl die Verteufelung des Wolfs als auch seine Verklärung einem realistischen Wolfsbild Platz machen, das auf sachliche Information baut: Der Wolf ist weder Bestie noch Freund, er ist ein Wildtier, das Teil unserer einheimischen Fauna ist und damit eine eigenständige, von uns Menschen unabhängige Existenzberechtigung hat.

7

Zur Domestikation des Wolfs

8 Der irische Wolfshund, ein sanftmütiger Riese, wurde früher in der Jagd auf Wölfe und Bären eingesetzt.

9 Gutmütiger Wächter auf Bauernhöfen: Berner Sennenhund.

10 Der Jack Russel Terrier ist ein Jagdhund. Er sprengt Füchse und Dachse aus ihren Bauen.

11 Der Golden Retriever wurde für das Apportieren von Enten auf der Jagd gezüchtet.

Die ältesten sicheren archäologischen Belege für Hunde stammen aus der Zeit vor rund 12000 bis 15000 Jahren, als die Menschen in Europa noch immer als Jäger und Sammler unterwegs waren. Ein Beispiel dafür ist der Fund eines Grabes im Bonner Stadtteil Oberkassel: Darin fanden sich neben den Skeletten von einer Frau und einem Mann und Grabbeigaben auch der Unterkiefer eines Kaniden, der zuerst irrtümlicherweise für den Unterkiefer eines Wolfs gehalten wurde. Die genaue Vermessung des Kieferknochens brachte jedoch zutage, dass es sich um einen Hund handelte.

Lange wurde spekuliert, von welchen Wildtierarten die Haushunde abstammen und ob eventuell sogar mehr als eine Kanidenart als Stammart gedient haben könnte. Neben Wölfen (*Canis lupus*) wurden Kojoten (*Canis latrans*), Goldschakale (*Canis aureus*), Schabrackenschakale (*Canis mesomelas*) und Äthiopische Wölfe (*Canis simensis*) als Vorfahren der Haushunde diskutiert. Aufgrund von morphologischen Merkmalen, Verhaltensweisen, Kreuzungsexperimenten und dem Wissen über die Verbreitung dieser Arten war die Mehrheit der Experten jedoch der Meinung, dass nur der Wolf als Stammform in Frage kommt.

Eine Publikation in der renommierten Wissenschaftszeitschrift «Science» aus dem Jahr 1997 brachte schließlich Klarheit: Die Resultate von Genanalysen wiesen eindeutig auf den Wolf als einzigen Vorfahren der Haushunde hin. Allerdings wurde er über sein Verbreitungsgebiet und über die Zeit hinweg mehrmals domestiziert, und es dürften auch immer wieder Rückkreuzungen zwischen Hunden und Wölfen stattgefunden haben.

Die «Science»-Publikation von 1997 wartete jedoch noch mit einem weiteren sensationellen Ergebnis auf: Die darin veröffentlichten Resultate sprechen für eine Domestikation des Wolfs vor mehr als 100000 Jahren! Das würde bedeuten, dass Hunde bereits über eine unglaublich lange Zeitspanne die Begleiter des Menschen waren, lange bevor der Mensch auch andere Wildtiere zu domestizieren begann. Archäologische Beweise für diese Hypothese gibt es bislang nicht, auf jeden Fall aber darf der Hund als das älteste domestizierte Tier überhaupt bezeichnet werden.

Der Grund für die Domestikation des Wolfes wird heute immer noch intensiv diskutiert. Der Verhaltensbiologe Konrad Lorenz formulierte in seinem 1950 erschienenen Buch «So kam der Mensch auf den Hund» die Hypothese, dass gemeinsames Jagen sowohl Motivation für die Domestikation selbst als auch

die erste wichtige Funktion der bereits domestizierten Hunde gewesen sei. Demgegenüber vertritt Gregory Acland, Veterinär und Hundeforscher aus den USA, die Meinung, dass nicht der Mensch auf den Hund kam, sondern umgekehrt. Der Wolf fand in der Nähe des Homo sapiens eine ökologische Nische und «verhaustierlichte» sich so selbst. Er profitierte von den Abfällen, die in der Nähe der Menschen für ihn abfielen, und machte sich seinerseits nützlich, indem er «seine» Menschen vor Feinden warnte und beschützte und auch bei gemeinsamen Jagdausflügen hilfreich war. Dieser Theorie nach handelte es sich also von Anfang an um eine Art Symbiose.

Solange die Hunde Begleiter von Jägern und Sammlern gewesen waren, dürften sie weiterhin wolfsähnlich ausgesehen haben. Erst als der moderne Mensch sesshaft wurde, begann er den Hund züchterisch gezielt nach seinem Nutzwert zu verändern: Wachhunde, Hirtenhunde, Herdenschutzhunde und Jagdhunde. Später kamen unzählige Funktionen dazu. Die unterschiedlichen Anforderungen an diese Hunde spiegeln sich in der riesigen Fülle an verschiedensten Erscheinungsformen von Hunderassen. Heute, bei der Rückkehr des Wolfs in seine angestammten Gebiete, spielen Hunde erneut eine wichtige Rolle, indem sie die Nutztiere des Menschen vor den Wölfen schützen.

Begegnungen

«Der Abstand zwischen den Augen ist zu groß für einen Hund, war mein erster Gedanke.»

Sandra Schorderet Weber, Biologin, obere Leventina TI, 16. April 2004

Wir waren in die obere Leventina gekommen, um uns ein Bild vom potenziellen Wolfshabitat im Tessin zu machen. Im Raum Quinto hielt sich damals nachweislich ein Wolf auf. Der Wildhüter hatte uns zu mehreren Fundorten von gerissenen Wildtieren geführt und uns auch ein paar tote Hirsche gezeigt, die mit hoher Wahrscheinlichkeit von einem großen hundeartigen Raubtier erbeutet worden waren. Danach hatte Marco Salvioni, Biologe bei der kantonalen Jagdverwaltung, uns eingeladen, abends an der örtlichen Hirschzählung teilzunehmen – im Gebiet, in dem der Wolf unterwegs war.

Die Zählung erfolgte mittels Scheinwerfertaxation (siehe Seite 84). Zwischen 22 und 23 Uhr waren wir gemeinsam mit Marco und zwei Wildhütern gestartet, die Fahrt hatte uns vorbeigeführt an 160 Hirschen, Stieren und Kühen aller Altersklassen. Auch Hasen, Dachse und Füchse waren im Scheinwerferkegel erschienen. Es war in der Nähe des Weilers Altanca, wo der Wolf in den Nächten zuvor Kleinvieh unweit von Häusern gerissen hatte, als im Licht der Halogenlampe zwei Augen vor einem Gehölzrand aufleuchteten. «Der Abstand zwischen den Augen ist zu groß für einen Hund», war mein erster Gedanke.

Dann erblickte ich die Ohren. Spitz, aufrecht stehend. Das Tier saß uns gegenüber und beobachtete uns. Nach ein paar Sekunden wandte es sich ab und verschob sich ein paar Meter ostwärts. Unvermittelt blieb es stehen, kehrte zum Ausgangspunkt zurück und entfloh in ein paar Sätzen hangabwärts in die Unsichtbarkeit.

Wir schauten uns an. Es gab keinen Zweifel: Er war da gewesen, fast als hätte er auf uns gewartet. Eine kurze Begegnung, danach war er wieder verschwunden wie ein Phantom, ein grauer Schatten, geschmeidig durch die Nacht huschend. Und er zeigte definitiv nicht den Habitus und das Verhalten eines Hundes.

Am Morgen danach kehrten wir nochmals zurück, suchten das Gelände nach Spuren ab. Der Wolf hatte keine hinterlassen.

Der Wolf kehrt zurück. Je nach Blickwinkel ist dies ein positiver oder ein negativer Prozess.

Blickwinkel

Interviews mit Beteiligten

Ilka Reinhardt,
Sächsische Wolfsbeauftragte

Ilka Reinhardt, Mitinhaberin des Wildbiologischen Büros LUPUS, hat in München Biologie studiert. Schon während des Studiums interessierte sie sich speziell für Raubtiere. Ihre Diplomarbeit führte sie nach Slowenien, wo sie Luchse erforschte und später in einem Bärenprojekt mitarbeitete. Schließlich verschlug es sie in die Schweiz: Beim Dachsprojekt an der Universität Zürich war sie als Feldassistentin tätig. Über Schweizer Kontakte lernte sie die deutsche Wildtierbiologin Gesa Kluth kennen, die sich bereits intensiv mit den Wölfen in Deutschland und insbesondere in der Oberlausitz beschäftigt hatte. Beide spürten den Spuren der Wölfe in dieser Region nach, vorerst noch ohne offiziellen Auftrag und ohne Entlöhnung, bis im Jahr 2002 ein Vorfall schlagartig die Situation veränderte.

Ilka Reinhardt, Sie sind zusammen mit Gesa Kluth Wolfsbeauftragte in Sachsen und leiten im Rahmen des Büros LUPUS das Sächsische Wolfsmonitoring. Sie sind beide offizielle Ansprechpersonen in Schadens- und Problemfällen im Zusammenhang mit Wölfen. Wie kam es zu diesem Auftrag an Sie?

Am Anfang, als Gesa und ich uns hier mit Wölfen zu beschäftigen begannen, war die allgemeine Meinung, dass man am besten nicht über Wölfe redet. Uns war klar, dass das nicht gut gehen konnte, denn früher oder später würden die Wölfe selbst von sich reden machen. Und so war es dann auch: Im Frühjahr 2002 überfielen Jungwölfe eine Schafherde, und es gab 33 tote und schwer verletzte Schafe. Danach redete jeder über Wölfe. Wir sind dann einfach hierher gefahren und haben den Schäfer unterstützt, haben Nachtwache gehalten, einen Zaun besorgt, haben einfach vor Ort geholfen.

Der Fall hat zum Umdenken bei den Amtsstellen geführt. Es wurde klar, dass es jemanden braucht, der sich um die Sache kümmert. So haben Gesa Kluth und ich im Frühsommer 2002 im Auftrag des Sächsischen Umweltministeriums als offizielle Wolfsbeauftragte angefangen.

Als Erstes haben wir abgeklärt, wie die Schafe gehalten werden und wo es Probleme geben könnte, um dann mit den Schäfern zusammen zu schauen, wie sie ihre Schafe schützen können. Dann kam das Monitoring hinzu, also Fragen rund um die Populationsgröße und Populationsentwicklung der Wölfe im Gebiet. Am Anfang haben wir auch die ganze Öffentlichkeitsarbeit selber gemacht. Das wurde dann aber irgendwann zu viel. So wurde 2004 zusätzlich das Kontaktbüro Wolfsregion Lausitz als Anlauf- und Kontaktstelle für die Öffentlichkeit gegründet.

Sie haben 2007 ein Projekt gestartet, in dessen Rahmen Sie Wölfe fangen und mit Sendern markieren. Was sind die Ziele und Frage-stellungen dieses Projekts, und wo steht es heute?

Das Projekt «Pilotstudie zum Ausbreitungs- und Abwanderungsverhalten von Deutschland» haben wir im Auftrag des Bundesamtes für Naturschutz (BfN) mit Mitteln des Bundesumweltministeriums (BMU) durchgeführt. Im Zentrum unseres Interesses stehen die Jungwölfe, das heißt die Jährlinge, die von ihrem Rudel wegziehen. Bisher wurden über 130 Wolfswelpen in der Lausitz geboren. Der Großteil ist inzwischen aus seinen Elternterritorien abgewandert. Wenn man sich in Deutschland umschaut, merkt man schon, dass in den letzten Jahren in immer mehr Gebieten Wölfe aufgetaucht sind. Trotzdem läuft diese Wiederbesiedlung deutlich verhaltener ab, als es aufgrund der Reproduktionsrate zu erwarten wäre. Wir möchten herausfinden, was mit den Jungwölfen passiert, wenn sie abwandern. Wie kommen sie auf ihrer Wanderung durch die Kulturlandschaft zurecht?

Das Projekt ist Ende 2010 ausgelaufen. Wir haben insgesamt sechs Wölfe gefangen, davon vier Jungwölfe. Zwei davon sind inzwischen abgewandert. Einer zog bis nach Weißrussland, in ein Gebiet, das 800 Kilometer von der Lausitz entfernt ist. Er hat auf seiner Wanderung über 1500 Kilometer zurückgelegt. Ein Bruder von ihm, den wir ebenfalls mit einem Sender markiert hatten, unternahm zunächst einen 150 Kilometer Luftlinie weiten Ausflug in ein Gebiet südlich von Berlin. Nach zweieinhalb Wochen war er aber wieder zu Hause. Im Alter von eineinhalb Jahren begann er, das Gebiet rund um sein Heimatterritorium zu durchstreifen. Schließlich etablierte er zusammen mit einer jungen Wölfin nur zwanzig Kilometer vom Territorium seiner Eltern ein eigenes Revier.

Sie haben im Auftrag des deutschen Bundesamtes für Natur-schutz einen Leitfaden zum Umgang mit Wölfen geschrieben. Was läuft auf gesamtdeutscher Ebene weiter?

Der Leitfaden ist eine fachliche Grundlage für die Erarbeitung eines Wolfsmanagements. Aktuell haben mehrere Bundesländer eigene Managementpläne für den Wolf erarbeitet oder sind gerade dabei. Diese regionalen Managementpläne beziehen sich auf das nationale Fachkonzept. Auf nationaler Ebene ist das Ziel, gemeinsam mit Polen einen Managementplan für die deutsch-westpolnische Population zu erarbeiten. Dieser sollte dann den Rahmen für die regionalen Managementpläne bieten. Das wird sicher noch einige Zeit dauern, aber die Managementeinheit muss die Population sein, und die macht an administrativen Grenzen nicht halt.

1 Ilka Reinhardt (links) und Gesa Kluth, die beiden sächsischen Wolfsbeauftragten, beim Peilen eines besenderten Wolfs.

Das Ziel in Ihrer Region ist eine überlebensfähige deutsch-west-polnische Population. Wie laufen da die Kontakte zwischen Deutschland und Polen?

Es gibt eine vom BMU initiierte deutsch-polnische Facharbeitsgruppe Wolf. Mittelfristiges Ziel ist die Erarbeitung eines gemeinsamen Management-planes. Davor müssen aber viele Hürden genommen werden. Zum Beispiel müssen die Monitoringdaten aus Deutschland und Polen vergleichbar sein, um robuste Aussagen über den Zustand der Population treffen zu können. Das ist nicht einfach, aber wir arbeiten daran.

Langfristig muss das Ziel sein, dass die deutsch-westpolnischen Wölfe wieder mit den Wölfen in Ostpolen in Verbindung stehen.

Aber nicht nur aus Polen wandern Wölfe nach Deutschland ein. Aktuell wurde in Hessen ein Wolf genetisch nachgewiesen, der aus der Alpenpopu-lation kommt. Neben der anwachsenden deutsch-westpolnischen Population, wird die sich ausbreitende Alpenpopulation zukünftig für die Zuwanderung von Wölfen nach Deutschland an Bedeutung gewinnen.

Zurück zur Oberlausitz. Im März 2007 kam es in dieser Region zu einem Vorfall, der für viel Aufregung sorgte und in der Schlag-zeile der «Bild»-Zeitung gipfelte: «Wölfe überfallen Dorf in der Oberlausitz». Was genau ist da passiert?

Die Wölfe haben natürlich nicht das Dorf überfallen, sondern in 75 Meter Dis-tanz von der Dorfstraße eine Hirschkuh gerissen. Es ist ganz normal, dass Wölfe, wenn sie die Chance haben, eine Beute zu schlagen, nicht hundert Meter vor den Häusern stoppen. Von den Bewohnern hat keiner etwas mitgekriegt, erst am Morgen hat man den fast aufgefressenen Kadaver der Hirschkuh auf dem Feld gefunden. Jemand hat darauf die «Bild»-Zeitung informiert, die dann in gewohnt reißerischem Stil darüber berichtete. Letztendlich war es ein ganz alltäglicher Vorfall, der ständig passiert. Genauso wie Füchse und Rehe nachts überall langlaufen, laufen die Wölfe nachts auch überall lang. Sie gehen ihrer Sache nach und kümmern sich überhaupt nicht um die Menschen.

In diesem Fall gab's aber schon sehr viel Aufregung, und es war klar, dass großer Bedarf nach sachlicher Information bestand. Gesa Kluth hat dann im betroffenen Dorf Neusorge einen öffentlichen Vortrag gehalten, um zu erklären, was genau passiert war und was der Wolfsriss bedeutete. Der Eindruck von diesem Abend war, dass der Wolf lediglich das Ventil für lokale Probleme war und der Bevölkerung eine Gelegenheit bot, ihrem Ärger Luft zu machen. So haben sich Bewohner von Neusorge an der Veranstaltung zum Beispiel darüber aufgeregt, dass sie vom Staat kein Geld kriegen, um die Dorfstraße zu erneuern.

Hat sich die Situation nachher wieder beruhigt?

Definitiv. Heute, Anfang 2011, leben in der Region sechs Wolfsfamilien und zwei Wolfspaare. Die Stimmung in der Bevölkerung ist gelassen. Das liegt sicherlich an der intensiven und aktiven Öffentlichkeitsarbeit des Kontaktbüros. Wenn die Leute sich gut informiert fühlen, bleiben sie auch bei solchen Vorfällen gelassener. Die Schäden an Nutztieren sind in den letzten Jahren deutlich zurückgegangen, sodass man das Gefühl hat, dass der Herdenschutz wirklich greift. Natürlich kann jederzeit wieder ein Wolf auftauchen, der gelernt hat, über Zäune zu springen. Dann werden auch die Schäden wieder steigen. Inzwischen sind wir aber auf solche Situationen ganz gut vorbereitet und können rasch mit einer Verstärkung der Schutzmaßnahmen reagieren.

Allerdings wird es immer wieder Leute geben, die aus eigenen Interessen heraus versuchen, die Angst vor dem Wolf zu schüren. Je besser die Bevölkerung informiert ist, desto unwahrscheinlicher ist es, dass sie solcher Panikmache auf den Leim geht.

Wer ist vor allem von Wolfsrissen betroffen?

In den letzten Jahren waren vor allem Schafe von Hobbyhaltern betroffen, die ihre Tiere nicht ausreichend geschützt hatten. Es ist immer wieder erstaunlich, dass es nach zehn Jahren Wolfspräsenz noch Halter gibt, die ihre Tiere ungeschützt über Nacht draußen lassen. Schäden an ungeschützten Schafen werden seit 2008 in Sachsen allerdings nicht mehr ausgeglichen. Außerdem kann man beobachten, dass stets in den Gebieten, in denen Wölfe sich neu etablieren, die Schäden zunächst steigen. Offensichtlich muss jeder einzelne für sich den Lernprozess durchmachen. Von Fehlern anderer zu lernen, ist nicht unsere Stärke.

Dagegen kommt es hier nur noch selten bei Herden professioneller Schafhalter zu Übergriffen durch Wölfe. Die Herdenschutzmaßnahmen scheinen zu greifen. Leider gibt es noch immer Bundesländer, in denen es zwar wieder Wölfe gibt, jedoch noch keine staatliche Unterstützung für Herdenschutzmaßnahmen. Das sind tickende Zeitbomben. Früher oder später kommt ein Wolf auf die Idee, dass schlecht geschützte Schafe einfache Beute sind. Dann wird wieder der böse Wolf durch die Medien getrieben.

2   Peppino Beffa.

Was halten Sie für speziell wichtig bei der Planung und Umsetzung eines Wolfsmanagements?

Neben der Prävention ist ein ganz wichtiger Punkt die Öffentlichkeitsarbeit, die Aufklärung mit ehrlicher, sachlicher Information, auch wenn es unangenehm ist, wer spricht schon gern über tote Schafe. Man muss aber auch erklären, warum es passiert ist.

Wichtig ist auch, fachlich langfristig zu arbeiten und eine langfristige Entwicklung im Blick zu haben. Natürlich wird es immer Konflikte mit Wölfen geben. Doch wenn gute Konzepte zur Bewältigung dieser Probleme vorliegen, sollten die zuständigen Behörden mit einiger Gelassenheit auf Vorfälle reagieren können.

Was bedeutet für Sie die Rückkehr der Wölfe?

Ich konnte mir wirklich nicht vorstellen, dass ich das noch erlebe, dass diese großen Tiere wieder nach Deutschland zurückwandern und dass sie vor allen Dingen auch geduldet werden. Ich finde es sehr erfreulich, dass die Einstellung von vielen Leuten in Deutschland, und zwar nicht nur in den Großstädten, sehr positiv ist. Dabei hat die Rückkehr für viele Symbolcharakter. Die Menschen haben schon so viel kaputt gemacht, aber wenigstens bei einem Teil ist ihnen das nicht gelungen. Die Tatsache, dass so große Tiere wie Wolf und Luchs in unserer Kulturlandschaft leben können und viel anpassungsfähiger sind, als wir Menschen das denken, das finde ich schon sehr faszinierend.

Peppino Beffa, Schafbauer

Peppino Beffa ist einer der wenigen Profis unter den Schweizer Schafbauern: Schafe sind sein Beruf. Der Hof mit rund 240 Mutterschafen ist die wirtschaftliche Basis für die sechsköpfige Familie. Der großräumige, modern eingerichtete Stall in Seewen SZ steht Anfang September leer. Alle Tiere sind noch auf der Weide, verteilt in drei Gruppen. Die größte zählt 130 Stück, ein stromführendes Flexinet zäunt den Hang ein. Die Schafe nähern sich gemächlich dem Besuch. Die meisten gehören der Rasse *Weißes Alpenschaf* an, die paar Braunen heben sich optisch ab. Am Vortag waren die Tiere von der angrenzenden Weide hierhergebracht worden. In zehn Tagen kommt die Schur, und schon bald danach werden die ersten Mutterschafe hinab zum Hof ziehen, um da zu lammen.

25 Hektaren umfasst der Hof. Die Schafe gehen nicht auf die Alp. Die Weideflächen liegen verstreut vom Talboden bis auf 900 Meter Höhe. Die Böden sind schwer, und es regnet viel. «Dies und der Verzicht auf die Sömmerung erfordern ein sorgfältiges Weideregime, um Parasitenproblemen vorzubeugen und eine optimale Bodennutzung zu gewährleisten», sagt Peppino Beffa.

Bis 2007 war er Präsident des Schweizerischen Schafzuchtverbands, heute ist er deren Ehrenpräsident. Peppino Beffa sitzt für die CVP im Schwyzer Kantonsrat. Die lösungsorientierte Mitte, dort, wo der Kompromiss gefunden wird, das sei für ihn der richtige politische Standort, sagt er von sich.

Das Interview wurde im Herbst 2007 aufgenommen. Im Frühling danach trat Peppino Beffa eine Stelle als Leiter der Abteilung Beratung und Weiterbildung im Amt für Landwirtschaft des Kantons Schwyz an. Den Landwirtschaftsbetrieb übergab er seinem Neffen, der ihn im gleichen Stil weiterführt.

Angenommen, ein Wolf lässt sich bei Ihnen in der Region Schwyz nieder – welche Konsequenzen hätte dies für Ihren Betrieb?

Das wäre eine Riesenhürde. Im Minimum bräuchte ich drei Zweiergruppen gut ausgebildete Herdenschutzhunde. Ob ich die auch kriegen würde, ist unsicher, denn gute Hunde sind rar. Und bei der Zucht und Haltung sind noch viele Probleme ungelöst. Eine besondere Schwierigkeit ergibt sich bei uns durch die Stallhaltung im Winter. Den Hunden fehlt in dieser Zeit die Beschäftigung. In solchen Situationen kann es zu Übergriffen kommen, etwa wenn ein Mutterschaf lammt. Hinzu kommen Scherereien mit den Nachbarn in Dorfnähe, wenn die Hunde nachts bei jeder Störung bellen. In Gebieten, wo die Schafe in Wanderherden gehalten werden und mit den Hunden das ganze Jahr draußen sind, hat man diese Probleme weniger.

Könnte Ihr Betrieb wirtschaftlich überleben?

Diese Frage kann ich im Moment nicht beantworten. Da ist noch zu vieles offen: Wie würde sich das Verhältnis zwischen Aufwand und Ertrag verändern? Das hängt nicht zuletzt von der Landwirtschaftspolitik ab, dem Beitragssystem und der Unterstützung der Herdenschutzmaßnahmen durch die Öffentlichkeit.

Auch in anderen europäischen Ländern leben – noch oder wieder – Wölfe und Schafe im gleichen Lebensraum. Die öffentliche Hand finanziert Maßnahmen, die da mit Erfolg angewandt werden, um Schafe vor Wolfsangriffen zu schützen. Warum sollte Herdenschutz bei uns nicht funktionieren?

Funktionieren könnte er vielleicht schon, aber zu welchem Preis? Die Schweizer Schafhaltung ist klein strukturiert, weitaus die meisten Schafbauern haben weniger als zwei Dutzend Tiere. Sollen die alle behirtet und von Herdenschutzhunden bewacht werden? Das ist nicht finanzierbar.

Mehrere Halter können ihre Tiere zusammenlegen und in größeren Herden sömmern. Werden dann nicht die Kosten für Behirtung und Bewachung mit Hunden bezahlbar?

Auch das geht nur auf Alpen, die groß genug sind, sodass sie von mehreren Hundert bis Tausend Schafen bestoßen werden können. Das Aneinandergewöhnen der Tiere ist schwierig. Zwanzig oder dreißig Kleingruppen müssen zu einer einzigen Großfamilie verschmelzen und sich zudem an die Hunde gewöhnen – und umgekehrt. Auf der Weide splittert sich die Herde oft in die alten Gruppen auf. Das erschwert die Behirtung und macht sie leichter angreifbar, wenn plötzlich Nebel aufkommt. «Tempo di lupo» nennt man in Italien solche Wetterlagen, die bei uns häufig sind.

Das nächtliche Zusammentreiben in den von Hunden bewachten Pferch bringt Betrieb und Unruhe in die Herde. Die Schafe sind deshalb im Herbst weniger schwer. Und man weiß auch aus Erfahrung, dass das Zusammenpferchen tiergesundheitliche Probleme mit sich bringt. Wenn ein Schaf Klauenfäule hat und man es alle Tage in einen Pferch nimmt, ist das Übertragungsrisiko hoch.

Ich will damit nur sagen: Der Problemfächer ist riesengroß. Heute mag das ja noch gehen. Wir haben vielleicht zehn Wölfe im Land, das Bundesbudget für den Herdenschutz und die Entschädigung gerissener Tiere liegt bei 1,3 Millionen Franken, hinzu kommen die Gelder der Kantone (2010 waren es 0,83 Millionen Franken; siehe auch Seite 97). Da kann man sich ausmalen, wie viel das kosten wird, wenn überall im Berggebiet Wölfe leben. Ich glaube nicht, dass ein Schweizer Parlament je ein ausreichendes Budget bewilligen wird.

Größere Betriebe – wie mein eigener – werden sich eventuell auf den Wolf einstellen können. Weitaus die meisten Schafhalter werden aber dazu nicht in der Lage sein und früher oder später aufgeben.

Dieser Strukturwandel erfolgt auch ohne den Wolf. Ginge es nicht auch mit weniger, aber größeren und dafür auch professionell geführten Betrieben?

Nein. Die Berglandwirtschaft ist arbeitsintensiv, es braucht die Hände der kleinen Nebenerwerbsbauern, die nach Feierabend und am Samstag ihre Wiesen mähen. Die Schafe sind bei uns allgemein auf den schlechteren Standorten zu Hause, auf Flächen, die auf keine andere Weise mehr nutzbar sind. Nahezu jeder Landwirtschaftsbetrieb in den Voralpen hat neben den ertragreichen Böden im Tal auch noch ein paar solche Weiden, oft an Hanglagen. Ich kann mir nicht vorstellen, wie diese von wandernden Großherden genutzt werden könnten.

Wenn die kleinen Betriebe nicht mehr da sind, verschwindet die Schafhaltung aus weiten Teilen des Landes. Auf einem Großteil der Wiesen und Weiden im Berggebiet, die für das Winterfutter der Schafe gemäht oder von ihnen beweidet werden, wird man die landwirtschaftliche Nutzung ganz aufgeben. So werden diese Bereiche verbuschen, anschließend wird wieder Wald aufkommen. Die über Jahrhunderte gewachsene Landschaft wird sich dadurch stark verändern. Fahren Sie einmal mit dem Zug durch das Entlebuch und stellen Sie sich das Landschaftsbild vor, wenn nur noch auf den Talböden Wiesen grünen, die Hänge aber vollständig bewaldet sind.

Auch dieser Prozess läuft schon ohne den Wolf. In der Schweiz nimmt die Waldfläche jährlich um 0,4 Prozent zu. Die natürliche Vegetation holt sich die landwirtschaftlich nicht mehr genutzten Flächen zurück. Ist das schlimm?

Nicht unbedingt. Bezüglich Stabilität, der Abwehr gegen Naturgefahren, ist Wald besser als Wiese und Weide. Von daher kann man sich die Frage durchaus stellen: Soll man auf einem Großteil der Berggebiete die landwirtschaftliche Nutzung aufgeben und Wald aufkommen lassen? Wir können problemlos den ganzen Lammfleischbedarf aus Neuseeland und Australien importieren. Vielleicht kommt es auch billiger, einem Bergbauern eine Eigentumswohnung im Tal zu bezahlen, als oben den Landwirtschaftsbetrieb zu erhalten. Berggebiete werden sich weiter entleeren, irgendwann reicht es dann nicht mehr für die Schule, das Dorfleben stirbt. Wollen wir das?

Mein Anliegen ist, dass man jetzt die Diskussion beginnt, um einen Entscheid fällen zu können. Will man die Berglandwirtschaft und das vielfältige

Landschaftsbild mit dem Wechsel von Wald und Grünland erhalten, braucht es die Schafhaltung. Und weil sie im Berggebiet ohne viel Handarbeit nicht möglich ist, braucht es dazu die Kleinbetriebe.

> *… für die wiederum ein Zusammenleben mit dem Wolf nicht möglich ist?*

Es sei denn, die Ökonomie stimme für sie weiterhin und der Herdenschutz werde voll von der öffentlichen Hand finanziert. Wenn nicht, muss die Schweiz bei der Berner Konvention einen Vorbehalt in Bezug auf den Wolf anbringen, wie das andere Länder auch gemacht haben, und den Wolfsschutz aufheben. Der Wolf ist international keine bedrohte Art. In der Schweiz ist der Platz für ihn eng. Wir haben einfach eine andere Besiedlungs- und Bewirtschaftungsstuktur als andere Länder Europas.

Für die überwiegende Mehrheit der Schafhalter ist klar: Man sollte jeden Wolf möglichst schon an der Grenze abschießen. Ich gehe nicht so weit. Wir müssen einen Kompromiss finden, aber den sehe ich im Moment noch nicht.

> *Die Berglandwirtschaft flächendeckend zu erhalten, ist längst nicht mehr das Ziel. Gebietsweise ist sie zwingend nötig, zur Pflege der Landschaft und aus Gründen der Biodiversität. Anderswo schadet es nicht, wenn Wald aufkommt. Man könnte so die Mittel für den Herdenschutz auf die Regionen konzentrieren, wo man die Schafhaltung weiterhin will. Wäre dies ein Ansatz für einen Kompromiss?*

In diese Richtung könnte es gehen. Ich kann mir ein Modell vorstellen wie auf der Lüneburger Heide. Da hat der Staat Bewirtschaftungsverträge mit Schafhaltern abgeschlossen, die die landschaftlich wertvollen Flächen mit Heideschnucken beweiden und so pflegen. Ein solches Vorgehen wäre auch bei uns möglich. Aber die Diskussion ist extrem schwierig. Es liefe darauf hinaus, dass man sagt, in dieser Talschaft wollen wir die Nutztiere weiterhin und schützen sie vor Großraubtieren, in jener gibt man die Landwirtschaft auf. Da wird doch jeder regionale Politiker versuchen, die Mittel für seine Region zu kriegen – zumal nicht nur die Schafhaltung betroffen ist. Auch Kälber werden von Wölfen gerissen.

Riccarda Lüthi, Hirtin

Schon während ihres Biologiestudiums in Basel und Bern zog es Riccarda Lüthi in die Berge. Sie begann, im Sommer auf die Alp zu gehen, vorerst auf Rinderalpen mit Mutterkuhhaltung. Für ihre Diplomarbeit beobachtete sie Wildschafe im zentralasiatischen Pamirgebirge und untersuchte die menschlichen Einflüsse auf diese Tiere. Im rauen Gebirge lernte sie die Hirtenkultur der Kirgisen kennen, die im Hochland in Jurten leben und mit ihren Schafen, Ziegen und Hirtenhunden unterwegs sind. Hier beobachtete Riccarda auch – ganz unerwartet – ihre ersten frei lebenden Wölfe.

Heute ist Riccarda ausgebildete Hirtin im Schweizer Herdenschutzprojekt (siehe Seite 97 f.). 2007 arbeitete sie unter anderem auf der Waadtländer Alp Le Cheval Blanc. Ende August hatte man hier eines Tages mehrere Schafe tot aufgefunden. Der Täter war ein Wolf, fand man mit genetischen Methoden heraus, der erste auf Waadtländer Boden seit 152 Jahren. Die Eingreiftruppe des Herdenschutzprojekts wurde aufgeboten, und so kam Riccarda zu ihrem Einsatz auf Cheval Blanc.

Riccarda ist eine junge, energische Frau. Wenn man sie bei der Arbeit mit den Tieren sieht, glaubt man ihr aufs Wort, dass es für sie kein Problem ist, sich bei den Schafhaltern und Hirten, einer eigentlichen Männerwelt, Respekt zu verschaffen. «Am Anfang gibt es vielleicht manchmal schon etwas Vorbehalte, aber dann beginnen wir mit der Arbeit draußen mit den Schafen und Hunden, und danach ist es keine Frage mehr, dass ich ernst genommen werde.» Das Interview wurde im Spätsommer 2007 aufgezeichnet.

Du bist seit etwas mehr als einer Woche hier oben auf dieser Alp. Welche Situation hast du vorgefunden, als du hier eingetroffen bist?

Auf dieser Alp verbringen 800 Schafe den Sommer, die alle dem gleichen Schäfer gehören. Das ist ungewöhnlich, aber jede Alpsituation ist wieder anders, und man kann immer erst vor Ort entscheiden, wie man vorgehen soll. Der Schäfer hier ist ein Profi, der seit 15 Jahren Schafe hält. Die Winterweide ist im Kanton Bern, und während des Sommers sind die Schafe auf der Alp. Der Schäfer arbeitet mit Hunden, die Schafe sind also bereits an die Präsenz von Hunden gewöhnt.

Manchmal kommen wir auf Alpen, auf denen die Schafe unbehirtet sind und nicht einmal Hütehunde kennen. Dann ist es erst einmal eine recht anstrengende Arbeit, die Schafe zusammenzubekommen und sie daran zu gewöhnen, in der größeren Herde zusammenzubleiben.

Wie gehst du vor, wenn du auf einer Schafalp für das Herdenschutzprogramm zum Einsatz kommst?

In der Regel arbeiten wir vom mobilen Herdenschutz bei Ernsteinsätzen im Team zu zweit, zumindest in den ersten Tagen. Wir kommen mit den Herdenschutzhunden und den eigenen Hütehunden. Eine der ersten Aufgaben ist es, die Herde zu sammeln und die Schutzhunde in die Herde zu integrieren. Die Schafe reagieren unterschiedlich. Gewisse Herden sind schreckhaft und ängstlich, da muss man sehr vorsichtig vorgehen, damit keine Panik ausbricht. Da kann man die Hunde am Anfang noch nicht frei laufen lassen. Man führt sie zuerst an einer längeren Leine durch die Herde und bindet sie schließlich an einer Stelle innerhalb der Weide an.

In der Regel sind Schafe neugierig. Weil die Hunde sitzen und sich still halten, kommen sie bald näher. Danach wartet man und beobachtet, wie die Schafe reagieren, wenn die Hunde zum Beispiel bellen oder sich bewegen. Nach zwei bis drei Tagen kann man den ersten Hund frei laufen lassen.

In der ersten Zeit muss man immer dabei sein, um reagieren zu können, wenn die Schafe doch ausbrechen wollen. Dann kann man die Hirtenhunde losschicken, um die Schafe zu stoppen. Das ist ein kontinuierliches Angewöhnen. Nach etwa einer Woche ist die erste Phase abgeschlossen, dann kann man die Schutzhunde frei mitlaufen lassen. Es gibt wohl manchmal noch etwas Unruhe in der Herde, zum Beispiel wenn ein Schutzhund bellt und rennt, aber es bricht keine Panik mehr aus.

Wie läuft in der Regel die Zusammenarbeit mit den Schafhaltern und Hirten?

Zuerst besprechen wir die Situation mit den verantwortlichen Personen vor Ort. Ich erkläre, wie wir mit den Herdenschutzhunden vorgehen. Zuweilen haben die Hirten oder Schafhalter am Anfang Bedenken, ob das gehe, dass man ihre Schafe in einem Pferch zusammentreibe. Dann erkläre ich, dass man für die Integration der Hunde die Schafe enger zusammenhalten muss, denn zu Beginn wollen die Schafe, welche die Hunde noch nicht kennen, weglaufen.

Die Schutzhunde haben in der Regel eine gewisse Bindung an mich, und es ist wichtig, dass diese Bindung möglichst schnell an die Person übergeht, die nachher die Hunde betreuen soll. Bei einem scheuen Hund schaue ich, dass der Hirt ihn zuerst an die Leine nimmt und ihn ein paar Stunden mit sich führt, ihn streichelt und mit ihm spricht. Andere Hunde sind fast ein bisschen zu anhänglich. In diesem Fall sollte sich der Hirt nicht zu stark mit dem Hund beschäftigen, damit dieser nicht dem Hirten hinterherläuft.

Wie verhalten sich die Schutzhunde gegenüber möglichen Gefahren, die sich nähern?

Wenn sich jemand oder etwas der Herde nähert, den oder das die Hunde nicht kennen, stellen sich die Hunde zwischen das Unbekannte und die Herde und bellen. Sie sind speziell für ihre Aufgabe gezüchtet und das Schutzverhalten ist seit Jahrhunderten genetisch verankert.

Was passiert, wenn ein Wolf sich der Herde nähert?

In aller Regel kommt der Wolf in der Nacht. Die Hunde stellen sich ebenfalls zwischen den Wolf und die Herde und bellen. Der Wolf lässt sich recht schnell abschrecken. Er ist sehr vorsichtig, denn er kann sich als Jäger keine Verletzungen leisten. Es kommt also normalerweise zu keinen Kämpfen zwischen Schutzhunden und Wölfen. Schutzhunde zu halten ist eine Abschreckungsstrategie.

Wie verhalten sich die Hunde gegenüber Spaziergängern?

Dann bellen die Schutzhunde ebenfalls. Die einzelnen Hunde sind jedoch recht unterschiedlich. Junge Hunde regen sich schneller auf und bellen auch öfter und länger. Ein älterer Hund geht erst einmal schauen, was da los ist, legt sich vielleicht hin und beobachtet weiter. Es kommt auch auf die Tageszeit an. In den Abendstunden sind die Schutzhunde viel aufmerksamer und bellen häufiger, während des Tages hingegen sind sie ruhiger. Gestern Nachmittag zum Beispiel ist eine Gruppe Gämsen oberhalb der Schafe vorbeigegangen, und die Hunde haben nicht reagiert. Sie gehen also nicht gleich auf alles los, was sich in der Nähe bewegt.

Kann es zu gefährlichen Situationen mit Touristen kommen?

Ein wichtiger Punkt ist sicher, dass man gut informieren muss, zum Beispiel mit einer Informationstafel, damit die Leute wissen, auf welchen Alpen es solche Schutzhunde hat. Somit werden sie nicht überrascht und sind auch informiert, wie sie sich korrekt verhalten können. Leider kommt es immer wieder vor, dass Wanderer mit Stöcken und Steinen die Hunde provozieren. Das Zweite ist, dass man bei den Hunden selektionieren muss. Wir haben verschiedene Hunde, bei denen ich die Hand ins Feuer legen kann, dass sie nicht näher als zehn Meter an fremde Leute herangehen. Diese Hunde sind von sich aus sehr zurückhaltend. Kein Tourist kann sie anfassen oder streicheln, denn die Hunde weichen zurück. Zum Dritten muss ein Schutzhund korrekt aufgezogen und ausgebildet werden.

Wäre es deshalb angebracht, in Gebieten mit vielen Touristen speziell scheue Schutzhunde einzusetzen?

Ja, in solchen Gebieten sind entweder scheue Hunde sinnvoll oder auch speziell freundliche Hunde. Zum Bespiel Orlando, der ältere Hund, der hier oben eingesetzt wird, ist ein ausgesprochen freundlicher Hund. Der kommt heran und wedelt und freut sich. Er würde nie einem Menschen etwas zuleide tun. Trotzdem bewacht er treu seine Herde.

Wie hat der Schäfer, dem die Schafe hier gehören, auf das Angebot vom Herdenschutzprogramm reagiert?

Er hat positiv reagiert. Ihm war schnell klar, dass man etwas machen muss und dass Hunde in einem ersten Schritt eine gute Möglichkeit sind. In der Regel ist es so, dass die Profischäfer Problemsituationen viel ruhiger und sachlicher nehmen als Schafhalter im Nebenerwerb.

Längerfristig stellen sich für den Schafhalter dann schon Fragen. Soll er eigene Hunde halten? Wie hält er sie im Winter? Findet er für die Sömmerung der Schafe einen Hirten, der mit Hüte- und Schutzhunden umgehen kann? Denn das ist ein großes Problem in der Schweiz: Es gibt zu wenige gut ausgebildete Schafhirten. Diese sind jedoch die Voraussetzung für einen funktionierenden Herdenschutz.

Ist es nicht allgemein das Problem bei den Alpen, dass es zu wenige gut ausgebildete Hirten gibt?

Gute Schafhirte zu finden, die mit Schutz- und Hirtenhunden arbeiten und auch große Schafherden zusammenhalten können, ist auf jeden Fall schwierig. Die Hütearbeit ist bei den Rindern einfacher, weil man sie meist relativ gut einzäunt und Rinder viel ortstreuer sind. Sie laufen nicht so weit wie Schafe. Kuhalpen haben zudem in der Schweiz eine längere Tradition und einen höheren Stellenwert als Schafalpen. Für die Käseherstellung, also für Senner, gibt es gute Kurse, während die Schafhirtenausbildung immer noch mangelhaft ist. Es gibt zwar schon Bestrebungen an den landwirtschaftlichen Schulen, die Ausbildung für Schafhirten auszubauen. Die Kurse dauern aber im Moment bloß drei oder vier Tage, was ungenügend ist.

Wie könnte man die Situation verbessern?

Ein wichtiger Punkt neben mangelhaften Ausbildungsmöglichkeiten sind auch die wenig attraktiven Löhne. Hier müssten die Schäfer mit großen Herden wohl großzügiger werden. Die Sömmerungsbeiträge des Bundes sollten dafür ausreichen. Sie belaufen sich zum Beispiel bei 900 Schafen mit ständiger Behirtung pro Sommer auf 40 000 bis 45 000 Franken.

Zurück zu den Hunden. Wo kommen die Herdenschutzhunde des Projekts im Winter hin?

Die Hunde kommen zurück zu Walter Hildbrand. Er hat 14 Schutzhunde, da kann es laut werden. Zum Glück liegt sein Stall nicht mitten im Dorf. Er hat im Winter nicht alle Hunde in der Herde, aber sie sind immer in der Nähe der Schafe mit Sichtkontakt zu ihnen.

Das System des mobilen Herdenschutzes, bei dem man die Hunde für den Sommer ausleiht und sie dann im Winter wieder zurücknimmt, ist eigentlich für Notfälle gedacht, um da, wo neue Schäden auftauchen, Hunde auszuleihen. Mittelfristig sollen die Bauern selber die Verantwortung für die Schutzmaßnahmen ihrer Tiere übernehmen.

Welche Probleme stellen sich bei den Schutzhunden im Winter?

Die Hunde sind im Winter, wenn die Schafe mehrheitlich im Stall sind, unterbeschäftigt und brauchen Auslauf. Wegen des Gebells kann es zudem zu Reklamationen kommen. Man kann aber einiges tun, damit die Hunde weniger bellen. Gut ist, wenn der Stall nicht gleich im Dorf liegt. Man kann die Hunde am Abend füttern, damit sie in der Nacht schön satt sind. Oder man schließt nachts den Stall, dann bellen sie weniger, weil sie nicht alles mitbekommen, was draußen läuft.

Was bedeutet die Rückkehr des Wolfs für die Schafhaltung in den Alpen?

Für die Schafhaltung bedeutet die Rückkehr, dass die Schafe gehütet werden müssen. Grundsätzlich finde ich die unbehirtete Schafhaltung auf Alpen problematisch: Man treibt die Schafe auf die Alp, überlässt sie da sich selber und schaut nur sporadisch zu den Tieren. Wenn da eines krank wird, kann keiner helfen. Die Schafe haben zudem Anfang Saison die Tendenz, bis zur Schneegrenze hinaufzugehen und dort alles, was frisch aus dem Boden kommt, wegzufressen. Dabei kann es zu Erosions- und Trittschäden kommen.

Was bedeutet für dich die Rückkehr des Wolfs?

Für mich ist ein wichtiger Punkt, dass es eine natürliche Rückkehr ist. Ich wäre nicht unbedingt dafür, dass man Wölfe aktiv aussetzt. Nun, da der Wolf selber kommt, finde ich, dass wir Kompromisse suchen müssen, damit alle Interessengruppen in den Alpen leben können. Denn ich bin der Meinung, dass die Bergregion niemandem allein gehört, nicht allein der lokalen Bevölkerung, nicht den Touristen, nicht den Jägern, nicht den Schafhaltern, aber auch nicht dem Wolf allein.

Daniel Mettler, Fachmann Herdenschutz

So wie das Wetter am «Siebenschläfer» ist, bleibt es sieben Wochen lang, wissen die Innerschweizer. Der Siebenschläfer fällt in die erste Hälfte des Monats Juni. 1997 hat es am besagten Tag in Strömen geregnet. Genauso war danach der Sommer auf der Alp Zanai im Pizolgebiet SG. Für Daniel Mettler war es der erste Alpsommer auf der nahezu 500 Hektaren großen, rauen Schafalp.

Der Nebel bleibt hier ohnehin lange hocken, damals ging er nie weg. Unter solchen Bedingungen 900 Schafe zu behirten war eine riesige Herausforderung. «Die Verantwortung für die Tiere, die Einsamkeit, das lausige Wetter, die enge Hütte – das war schon eine psychische Belastung», erinnert sich Daniel Mettler.

Er ist trotzdem geblieben. Sechs Sommer lang war Daniel Mettler zusammen mit einem Kollegen Pächter auf Zanai. Der Hirtenlohn reichte nicht für zwei, so machte abwechslungsweise einer den Job allein.

Daneben studierte Daniel Mettler Philosophie und Wirtschaft an der Uni Freiburg. Jetzt ist der Philosoph und Schafhalter Leiter der nationalen Koordinationsstelle für Herdenschutzmaßnahmen gegen Luchs, Wolf und Bär, angesiedelt an der Agridea in Lausanne (siehe Seite 97). Das Interview wurde im Herbst 2007 aufgezeichnet.

Wie hättest du damals reagiert, wenn du auf Zanai eines Morgens ein halbes Dutzend verendete Schafe gefunden hättest, gerissen von einem Wolf?

Schockiert. Die Verantwortung für die Tiere lastete damals schwer auf mir. Als Neuling stand ich unter Druck zu beweisen, dass ich dieser Verantwortung gewachsen war. Da ist jedes tote Tier ein Rückschlag – ob es nun abgestürzt ist oder gerissen wurde.

Nach welchem Weidesystem wurden die Schafe gesömmert?

Der Vorgänger hatte die Alp als Standweide betrieben, die Schafe konnten also die ganze Fläche nutzen. Es war äußerst mühsam, sie unter Kontrolle zu behalten und abtrünnige Tiere heimzuholen. Nach und nach verbesserten wir das System, unterteilten die Fläche und führten eine Art behirtete Umtriebsweide. Ein Border Collie tat seinen Dienst als Hirtenhund. All dies ermöglichte eine optimierte, gleichmäßige Nutzung der Alp – und würde heute auch den Herdenschutz erleichtern.

Vier Schutzhunde bräuchte es dazu. Allerdings wäre es aus topografischen Gründen nicht in jeder Situation möglich, die Schafe nachts einzupferchen. Gegenüber einer Alp, wo der Herdenschutz voll umsetzbar ist, müsste man ein gewisses Zusatzrisiko in Kauf nehmen.

> *Heute bist du an der Agridea verantwortlich für die nationale Koordination der Herdenschutzmaßnahmen und leitest die mobile Eingreiftruppe, die auf den Plan tritt, wenn sich irgendwo ein Wolf oder ein Bär unangenehm bemerkbar macht. Wo war die Eingreiftruppe im Jahr 2007 überall im Einsatz?*

2007 war ein befrachtetes Jahr, und die Saison begann früh. Der erste Einsatz kam bereits im April, nachdem ein Wolf bei Thierachern im Kanton Bern sechs Schafe gerissen hatte (siehe auch Seite 132). Im Juni erreichte uns dann eine Anfrage aus dem Nationalpark Stelvio in Italien, wo sich ein Bär aus der Trentiner Population herumtrieb. So kamen wir zu einem ersten Auslandeinsatz. Danach wechselte der Bär in den Kanton Graubünden, wo wir auf verschiedenen Alpen tätig waren, so auch über längere Zeit auf dem Flüela, wo eine Herde mit 900 Schafen geschützt werden musste. Im Juli ging es im Unterwallis los, und fast gleichzeitig trat der erste Wolf im Kanton Waadt auf.

Unser Angebot besteht jeweils darin, dass eine Hirtin oder ein Hirt aus dem Projekt für zwei bis drei Wochen kommt, die Herdenschutzhunde mitbringt und in die Herde integriert. Danach ziehen wir uns zurück, lassen die Hunde aber oben, und die Schafhalter müssen den Schutz bis zum Alpabtrieb im Herbst selber organisieren.

> *Wie hoch ist das Budget, das du verwaltest, und wie werden die Gelder verwendet?*

2007 waren es 800 000 Franken (615 000 Euro). Finanziert wird damit einerseits die Eingreiftruppe, dazu kommen die Beratung der Hundezüchter und die Landwirtschaftsberatung. Der dritte Posten sind die direkten Beiträge an die Schafhalter, beispielsweise für die Hunde. Es gibt jährlich tausend Franken an die Kosten des Hundes, daneben zahlen wir etwas für Zäune oder anderes Material. Weiter decken wir auf kleineren behirteten Alpen den Anteil des Hirtenlohnes, der durch den Behirtungszuschlag aus der Bundeskasse nicht abgedeckt ist – was bei kleineren Herden mit weniger als 500 bis 600 Schafen der Fall ist. Erreicht eine gefährdete Alp dieses Limit nicht, springen wir ein.

4   Daniel Mettler.

Wie viel verdient eine Hirtin oder ein Hirt im Herdenschutzprojekt?

Der Minimallohn liegt bei 3000 Franken, Profis verdienen um die 4500 Franken – netto.

Wie funktioniert die Zucht und Ausbildung der Herdenschutzhunde?

Wir sind zurzeit daran, in der Schweiz eine Hundezucht auf die Beine zu stellen, welche die Nachfrage decken kann. Bisher mussten wir immer wieder Tiere importieren, bei denen die Herkunft nicht jedes Mal genau feststand. Momentan haben wir sieben Züchter. Das Problem ist, die Nachfrage abzuschätzen. Die Zucht muss genug liefern, überschüssige Hunde zu züchten ist andererseits auch nicht gut, denn diese sind hauptsächlich auf Schafe sozialisiert und lassen sich zum Beispiel nicht als Familienhunde abgeben.

Wir arbeiten eng mit der Schweizerischen Kynologischen Gesellschaft zusammen. Diese begutachtet die Zuchthunde im Programm, stellt die Papiere für sie aus und führt das Zuchtbuch. So wird eine Qualitätskontrolle möglich, die gewährleistet, dass wirklich nur taugliche Hunde angeboten werden.

Wie wachsen die Hunde auf, und in welchem Alter werden sie verkauft?

Die Welpen wachsen bei den Schafen auf und werden frühestens im Alter von drei Monaten verkauft. Im Normalfall platzieren wir einen Junghund zusammen mit einem ausgewachsenen, etwas erfahrenen Tier, denn Hunde lernen voneinander.

Im Sommer sind die Hunde stets draußen, sind beschäftigt und haben viel Bewegungsraum. Fehlt ihnen das nicht im Winter?

Bewegung haben die Hunde eigentlich auch dann genug, denn sie haben Auslauf, wie er auch für die Schafe vorgeschrieben ist. Natürlich sind sie weniger beschäftigt als auf der Alp, aber sie verhalten sich im Winter ohnehin passiver. Schwierigkeiten kann es geben, wenn im Winter die Rudeldynamik spielt. Deshalb raten wir Laien ab, Hundezucht zu betreiben, denn die Haltung in der Schafherde wird umso schwieriger, je mehr Hunde da sind. Wenn man aber nur mit zwei Hunden, einem Rüden und einer Hündin, arbeitet, hat man kaum Probleme. Wir empfehlen das auch Schafbauern mit größeren Herden.

Heikel werden kann es indessen im Winter wegen nächtlicher Ruhestörung durch das Hundegebell und entsprechenden Nachbarschaftsstreitigkeiten.

Wie funktioniert die Ausbildung der Hirtinnen und Hirten?

Die landwirtschaftliche Schule Visp bot in den letzten Jahren Ausbildungsgänge für Kleinviehhirtinnen und -hirten an. Dieses Angebot soll nun ausgebaut werden. Die Idee ist, jährlich einen Kurs für etwa zehn Personen durchzuführen. Uns schwebt vor, je eine Kurswoche im Frühling und im Herbst an der Schule mit einem Praktikum auf einer Sömmerungsalp zu verbinden.

Noch tritt der Wolf erst punktuell auf. Was braucht es, wenn er sich in alle geeigneten Gebiete des Landes ausbreitet und die Schafe in nahezu allen Bergregionen geschützt werden müssen? Schafhalter bestreiten, dass dann noch ein nachhaltiges Miteinander von Wolf und Schafhaltung möglich sei.

Man muss in der Nachhaltigkeitsdiskussion eben alle drei Dimensionen im Auge behalten, nebst der ökologischen auch die wirtschaftliche und die soziale. Wenn wir dies auch bei der Frage tun, wie viele Wölfe es in der Schweiz erträgt und für die Arterhaltung braucht, dann ist eine Koexistenz möglich. Die notwendigen Anpassungen erfordern aber Zeit. Es braucht einen gewissen Strukturwandel, das ist ein langsamer Prozess. Aber der Wolf wird sich auch nicht von heute auf morgen in allen Landesteilen etablieren.

August bis Oktober sind die großen Schadenszeiten, das zeigt sich auch in Frankreich. In der restlichen Zeit hat man weniger Schäden, auch in Gebieten, wo Wolf und Schaf zusammenleben. Das liegt nicht zuletzt am Angebot wilder Beutetiere. Im Frühsommer, wenn die Kitze zur Welt kommen, ist dieses Angebot hoch und die Wölfe werden in der freien Wildbahn satt. Ab Juli sinkt die Verfügbarkeit wilder Huftiere, die Jagd greift ins System ein, sodass danach das Risiko von Angriffen auf Kleinvieh zunimmt. Wir müssen also in erster Priorität in diesen Schadenszeiten einen möglichst guten Herdenschutz hinkriegen.

Es wird nicht überall gleich gut gehen, man sieht das heute schon: In einigen Regionen kann ein einzelner Wolf ein Riesenproblem sein, anderswo kaum negativ auffallen. Gebietsweise ist man schon recht gut vorbereitet, ich denke etwa an den Kanton Waadt, wo Herdenschutz wegen der Luchse seit einigen Jahren ein Thema ist. Ein paar Schafhalter mit großen Herden haben deswegen begonnen, mit Herdenschutzhunden zu arbeiten. Als sich dann im Herbst 2006 im Walliser Chablais, in der Nähe der Waadtländer Schafalpen, Schäden häuften, entschlossen sich einzelne Besitzer von Kleinherden, ihre zehn bis zwanzig Tiere einem der Großen auf die Alp zu geben, anstatt sie selber zu sömmern. So kamen 1200 bis 1500 Schafe zusammen, professionell behirtet und von Hunden geschützt.

5   Marco Giacometti.

Aber vielerorts ist es gar nicht möglich, so große Einheiten zu bilden – aus topografischen Gründen oder weil die Alp sonst übernutzt wird.

Das ist so. Wir schauen das nun zusammen mit dem Kanton Bern im Berner Oberland genauer an. Wir nehmen alle Alpen auf – Produktivität, Lage, Herdengröße, Topografie – und wollen dann aufgrund der Ergebnisse beurteilen, wie man sie schützen kann. Auf manchen wird man sehen, dass eine Zusammenlegung mehrerer Herden und damit Behirtung möglich sind. Wo das nicht der Fall ist, kann man es zum Teil mit Hunden ohne Behirtung versuchen, und sicher wird es auch eine Kategorie geben, bei der wir sagen müssen: Da kann man nichts machen. Allgemein aber glaube ich nicht, dass wir wegen der Wölfe sehr viele Schafalpen in der Schweiz werden aufgeben müssen.

Marco Giacometti, Jäger

Marco Giacometti ist Tierarzt und befasst sich hauptsächlich mit Wildtierkrankheiten, doch hatte er wissenschaftlich auch viel mit Schafen zu tun. Er erforschte das Zusammenspiel von Schafen und Wildtieren bei der Verbreitung der Gämsblindheit. Deren Erreger, ein Bakterium, bewirkt schon wenige Tage nach der Infektion eine starke Augenlidentzündung. Wenn alles gut geht, bleibt es dabei, und die Krankheit heilt wieder ab. Oft endet es aber mit Erblindung. Früher oder später wird das Tier dann zu Tode stürzen oder verhungern. Oder es erliegt, abgemagert und in der Abwehr geschwächt, einer Lungenentzündung.

Ende der 1990er-Jahre war in Teilen des Berner Oberlandes eine besonders aggressiver Erreger am Werk. Ein Seuchenzug breitete sich rasant aus und raffte ein Drittel der Gämsen dahin.

Auch Schafe können erkranken, der Erreger ist auf Schafalpen weit verbreitet. Sind sie es, die immer wieder Seuchenzüge auslösen? Und wäre es allenfalls möglich, die Gämsblindheit durch einen Impfstoff für Schafe zum Verschwinden zu bringen? Am Berner Tierspital ist Marco Giacometti Koordinator eines Teams, das mit Oberflächenproteinen des Erregers experimentiert, gegen die man Antikörper in der Tränenflüssigkeit und im Blut befallener Gämsen nachgewiesen hat. Noch gibt es den Impfstoff nicht, aber man hat noch nicht aufgegeben.

Nach den Jahren in Bern kehrte Marco Giacometti heim nach Stampa im Bergell GR und gründete die Einmannfirma *Wildvet Projects*, die mit wissenschaftlichen Untersuchungen, Gutachten und publizistischen Arbeiten im Bereich der Wildtiermedizin tätig ist. Daneben ist er Sekretär von JagdSchweiz, der Dachorganisation der Schweizer Jäger.

Die Jäger setzen sich für die Erhaltung der Artenvielfalt ein, heißt
es im Leitbild von JagdSchweiz. Gehört auch der Wolf dazu?

Grundsätzlich ja. Bei der Erhaltung der Artenvielfalt geht es darum, möglichst vielen Pflanzen- und Tierarten eine Lebensgrundlage in unserem Land zu sichern. Dazu reichen die Instrumente des klassischen Naturschutzes, Landschaft und Wildtiere zu schützen und die Natur sich selbst zu überlassen, bekanntlich nicht aus. Weit effizienter sind nachhaltige, flächenwirksame Aktivitäten im Bereich der Forst- und Landwirtschaft. Insgesamt ist die Möglichkeit zur Umsetzung wirksamer Maßnahmen, die das Vorkommen einer großen Artenzahl in weiten

Gebieten ermöglichen, höher zu werten als die Anwesenheit von bloß einzelnen Tierarten, mögen sie auch noch so spektakulär sein. Dies trifft besonders dann zu, wenn solche Arten nicht bedroht sind, etwa beim Wolf.

> *Da muss ich ein wenig zwischen den Zeilen lesen: Fürchtest du damit, dass die Artenvielfalt insgesamt sinkt, wenn der Wolf hinzukommt – weil er diese «nachhaltigen, flächenwirksamen Aktivitäten» – sprich die Kleintierhaltung – gefährden soll?*

Ja, aber es muss nicht sein – wenn es gelingt, einen nachhaltigen Umgang mit dem Wolf zu finden.

> *Was verstehst du darunter?*

Nachhaltigkeit beinhaltet die drei Zieldimensionen Umwelt, Wirtschaft und Gesellschaft. Auch beim Umgang mit dem Wolf sollen all diese Bereiche berücksichtigt werden. Der bloß auf einzelne Elemente des Umweltbereichs fokussierende Ansatz der Verwaltung, mit punktuell konzipierten, schadensverhütenden Maßnahmen und sektoriellen Entschädigungsregelungen, greift eindeutig zu kurz. Dies zeigt die fortwährende Unzufriedenheit aller Beteiligten. Gefragt ist also ein Aktionsplan, der die Umweltdimension genau so umfassend mit einschließt wie die wirtschaftlichen und gesellschaftlichen Aspekte.

> *Weiter fordern die Jäger, dass klare «Zielsetzungen in Bezug auf die angestrebte geografische Verbreitung und Dichte des Wolfes» definiert werden. Wo hat es in deinen Augen in der Schweiz Platz für Wölfe?*

Für die Schweiz kann diese Frage heute nicht beantwortet werden. Was mehr als zehn Jahre nach der Ankunft der ersten Wölfe immer noch fehlt, ist eine sachliche Analyse der potenziellen natürlichen Tragfähigkeit der Alpen, des Mittellandes und des Juras für den Wolf, eine Beurteilung des wahrscheinlichen Einflusses einer gesättigten Wolfspopulation auf ihre wilden und domestizierten Beutetiere und die Schätzung des Aufwandes und der Kosten für neu umzusetzende Vorbeuge- und Entschädigungsmaßnahmen im Fall von Wolfspräsenz. Anschließend muss geklärt werden, wo und in welcher sozialen Struktur der Wolf in unserem Land seinen Platz hat.

Was bereits heute fest steht: Von der breiten Bevölkerung würde der Wolf nicht überall dort toleriert werden, wo sich das Raubtier in der Schweiz von seinem Wesen und von den Umweltbedingungen her spontan und dauernd ansiedeln würde. In Agglomerationsnähe würde es beispielsweise nicht verstanden werden, wenn Wölfe Hauskatzen oder Pferde reißen und fressen. Bald einmal würde vom Stadtrand her der Ruf nach jagdlicher Regulierung des Wolfs laut werden.

> *Berücksichtigen sollte man aber doch auch das Schutzziel: Die Wolfspopulation im Alpenraum soll stark genug werden, dass sie auf lange Sicht überlebensfähig ist.*

Sicher, doch die Planung betreffend minimaler lebensfähiger Populationsgröße und Vernetzung sollte auf der Tatsache basieren, dass wir es mit einer einzigen apenninisch-alpinen Population zu tun haben.

> *Willst du damit sagen, der Wolf brauche die Schweiz gar nicht – weil die apenninisch-alpine Population mit derzeit rund tausend Individuen bereits vital genug ist?*

Ja, das kann man so sehen.

> *Ein letztes Zitat aus www.jagdschweiz.org, diesmal zu Großraubtieren generell: «Solange ihre Einwirkung auf Wild- und Nutztierpopulationen ein tragbares Maß nicht übersteigt ist, ihre Anwesenheit unproblematisch.» Wo liegt das tragbare Maß bei den Wildtieren?*

Die Antwort gibt der Zweckartikel des Bundesgesetzes über die Jagd und den Schutz wild lebender Säugetiere und Vögel: Zu gewährleisten ist eine angemessene Nutzung des Wildes durch die Jagd. Vor mehr als hundert Jahren haben Bund und Kantone einen Pakt mit den Jägern geschlossen: Die Jäger setzen sich für die Bekämpfung der Wilderei und für die Vermehrung des Wildes ein. Dafür haben sie das Recht, jagdbares Wild zu nutzen, gegen Bezahlung von Gebühren. Mit diesen Gebühren, sie betragen gut 25 Millionen Franken (19 Millionen Euro) jährlich, werden die Überwachung der Wildbestände und die kantonalen Jagdämter finanziert. Es ist also nachvollziehbar, wenn sich die Jäger gegen unverhältnismäßige Forderungen vonseiten des Naturschutzes wehren. Die unkontrollierte Vermehrung von Großraubtieren hat nämlich zur Folge, dass Huftiere selten werden.

Welche «unverhältnismäßigen Forderungen vonseiten des Natur-schutzes» meinst du?

Ein Wolfsschutz, der keine Rücksicht auf die Bedürfnisse der Jäger nach einer angemessenen Nutzung der Wildtiere nimmt. Wenn sich die Großraubtiere bei uns unreguliert niederlassen und verbreiten, können einheimische Huftierarten ihretwegen derart abnehmen, dass man sie jagdlich nicht mehr nutzen kann.

Es hat zu viele Huftiere im Bergwald, sagen die Förster. Darum braucht es die Bestandeskontrolle durch die Jagd. Was wäre denn so schlimm dabei, wenn der Wolf auf natürliche Weise für eine Reduktion sorgen würde?

Die Jäger teilen die Meinung nicht, dass es generell zu viele Huftiere im Wald gibt. Durch jagdliche Regulierung und Lenkungsmaßnahmen ist in der Schweiz die Wildschadenssituation im Wald insgesamt tragbar. Eine Reduktion des Wildes im Wald ist also unnötig und auch nicht sinnvoll. Der Jäger kann im Übrigen die Regulierung der Huftiere besser und zielgerichteter vornehmen, als dies die Großraubtiere tun würden. Mit der Jagd kann die Anpassung flexibel, schnell und bis zu den Toren der Städte erzielt werden.

Du denkst also, dass die Wölfe in der Schweiz irgendeinmal durch Abschüsse zahlenmäßig und räumlich in Schranken gehalten werden sollen. Wie stellst du dir das vor?

Die Regulierung muss auf dem oben erwähnten Aktionsplan basieren. Wild-ökologische Raumplanung soll – analog zur Situation bei anderen, potenziell Schaden stiftenden Wildtieren wie dem Wildschwein oder dem Rothirsch – auch bei den Großraubtieren zur Selbstverständlichkeit werden. Dort, wo ihr Einfluss auf die Beutetierpopulationen untragbar ist, werden Wölfe durch Abschüsse reguliert, außerhalb des ihnen zustehenden Gebietes werden sie rigoros reduziert. Die Jagd ist nicht das Problem, sondern die Lösung der Großraubtierfrage. Den Jägern geht es nicht um die Ausrottung der Groß-raubtiere, sondern um tragbare Verhältnisse.

Vierzig Wölfe könnten im Wallis leben, ohne dass deswegen eine Verminderung der Jagdstrecke bei den wilden Huftieren zu erwarten wäre, schätzt die Walliser Wolfskommission. Was meinst du dazu?

Diese Ansicht ist unrealistisch. Ich teile sie nicht.

Was denkst du persönlich über den Wolf?

Sowohl die soziale Dimension des Wolfsverhaltens wie auch seine Fähigkeit, sich auf den Menschen einzustellen, sind eindrucksvoll. Es ist beachtlich, wie sich die Art in der Kulturlandschaft gut zurechtfinden kann. Der Wolf ist ein Großraubtier, das in weiten Teilen der Schweiz eine Lebensgrundlage finden könnte. Die Tatsache aber, dass unsere Landschaft mehrfach und intensiv genutzt wird, dass die Erhaltung einer artenreichen Kulturlandschaft eine umfängliche landwirtschaftliche Pflege mit Kleinvieh erfordert, verunmöglicht aber leider einen allzu toleranten Managementansatz.

Peter A. Dettling, Naturfotograf

Seine Leidenschaft für die Natur führte den professionellen Naturfotografen und Autoren Peter A. Dettling um den ganzen Globus, von den Galapagos-inseln bis nach Afrika, von der kanadischen Westküste bis in den hohen Norden Skandinaviens. Im Mittelpunkt seiner Arbeit, die mehrfach international ausgezeichnet wurde, steht die Beziehung Mensch-Natur, allen voran die Beziehung zwischen den Menschen und Beutegreifern wie Wolf und Bär. Seine Fotos erscheinen regelmäßig in Büchern, Kalendern und in bekannten Magazinen wie *NaturFoto, Terra* oder *Canadian Geographic* und wurden in renommierten Museen wie dem American Museum of Natural History in New York oder dem Smithsonian National Museum of Natural History in Washington D. C. ausgestellt.

> *Sie leben die meiste Zeit in Kanada, haben mit renommierten Wolfsforschern zusammengearbeitet und viele frei lebende Wölfe beobachtet – wie erleben Sie die Diskussion um die Präsenz von Wölfen in Europa und insbesondere in der Schweiz?*

Obwohl ich die meiste Zeit in Kanada lebe, verfolge ich die Situation in der Schweiz mit Argusaugen, kehre oft zurück und befasse mich intensiv mit der Situation vor Ort. Die Parallelen, sei dies in Kanada, Deutschland oder in der Schweiz, sind nicht zu übersehen: Jäger und Landwirte bekämpfen große Karnivoren – allen voran Wölfe – mit großer Geschlossenheit, Polemik und oft mit aggressiver, fast schon fanatischer Haltung. Sie verstehen es meisterhaft, die Emotionen zu schüren, und haben ein leichtes Spiel, sich bei den Politikern und den Medien Gehör zu verschaffen. Auf der anderen Seite finden sich einige Umweltschutzorganisationen und engagierte Privatpersonen. Der Umweltschutzfraktion fehlt es an vielen Mitteln, vor allem an Geschlossenheit, Geld, politischer Macht, politischen Verbündeten und einem guten Draht zu den Medien. Zwischen den Fronten findet man einige Politiker, die sich nun in ihrem Element fühlen. Bei großen und emotional geführten Diskussionen – beim Thema Wolf die Norm – haben diese die Möglichkeit, sich für ihre Parteiideologie einzusetzen, sich persönlich zu profilieren und Wähler zu gewinnen. Es wird live im Fernsehen diskutiert, debattiert. Von sachlich geführten Diskussionen mit tiefem Fachwissen oft keine Spur.

Das Resultat? Ob in Nordamerika, in Skandinavien oder im Herzen der Alpen immer das Gleiche: Es gewinnt nicht unbedingt die Haltung und Meinung der großen Mehrheit in der Bevölkerung, sondern diejenige Seite mit mehr Lobbyisten, aggressiverer PR und größerem politischem Gewicht. In der Akte «Wolf» heißt dies, dass Wölfe meist als Sündenböcke herhalten müssen und schließlich mehr oder weniger legal zum Freiwild werden.

6   Peter A. Dettling

Wie könnte der Konflikt zwischen Schafbauern und Wölfen in der Schweiz, wo er politische Wellen wirft, aus Ihrer Sicht entschärft werden?

Der Konflikt kann nur entschärft werden, wenn seitens der Schafbauern ein Umdenken stattfindet, sprich Behirtung und Einsatz von Herdenschutzhunden. Fakt ist: Schafe und Wölfe können Seite an Seite miteinander leben. Dies funktioniert nicht nur in wohlhabenden Ländern, wie Deutschland oder Italien, sondern auch in weit weniger reichen Staaten wie Albanien oder Rumänien. In Ländern also, in denen der Staat dem Bauern für ein gerissenes Schaf keine Entschädigung zahlt! Warum sollte ein Zusammenleben in der wohlhabenden Schweiz nicht auch gelingen? Aber alles was ich höre und lese, ist ein Murren und Nörgeln von Seiten der Schafbesitzer. Was ich aber nicht sehe, ist ein verantwortungsvoller Umgang mit den Schafen selbst. Verantwortungsvoll ist das Stichwort. Schafe in den Alpen unbehirtet zu lassen, ist nicht nur gefährlich für die Schafe (Steinschläge, Abstürze und umherstreunende Hunde), sondern auch schädlich für die Natur (Stichwort Erosion und Krankheitsübertragung auf Wildtiere), sprich unverantwortlich.

Ach ja, und auch wir Schweizer selber, ob nun Bündner, Berner oder Walliser, haben es über Jahrtausende geschafft, Seite an Seite mit dem Wolf zusammenzuleben, bis vor zirka 150 Jahren … Es geht also nicht um Können, sondern um Wollen.

Was bringt uns die Rückkehr vom Wolf in den Schweizer Alpen?

Trotz größerem Waldbestand als vor hundert Jahren, trotz der Ausrottung von Wolf, Luchs und Co., trotz der stark regulierten Jagd, trotz Absichtserklärungen in Sachen Naturschutz von Seiten der Behörden stehen wir ökologisch gesehen vor einem Scherbenhaufen. Vierzig Prozent der in der Schweiz vorkommenden Tierarten stehen auf der Roten Liste, sind also gefährdet. Weltweit ist jede achte Vogel-, jede dritte Fisch- und jede vierte Säugetierart vom Aussterben bedroht. Überall auf der Welt nimmt die Artenvielfalt ab, sogar in Naturschutzgebieten. Warum? Dies ist eine der dringlichsten Fragen unserer Zeit. Tatsache ist, dass überall dort, wo der Homo sapiens in vorgeschichtlicher Zeit auftauchte, die Artenvielfalt stark gelitten hat. Dieser Trend setzt sich auch in heutiger Zeit fort. Dabei fällt auf, dass weltweit eine wichtige «Beigabe» entfernt oder stark reduziert wurde, nämlich die «Top-Prädatoren», die großen Beutegreifer.

Nehmen wir den Wolf als Beispiel: Einerseits wurde im Yellowstone Nationalpark der letzte Wolf 1926 durch Fallensteller getötet; auch Pumas oder Bären wurden stark bejagt und dezimiert. Andererseits wurden Hirsche und andere Huftiere unter strengen Schutz gestellt. Da natürliche Feinde fehlten, veränderte sich das natürliche Gleichgewicht. Die Hirschbestände nahmen stark zu, was fatale Folgen hatte. Die Übergrasung führte zu großen Schäden an Flora und Fauna, die Flussufervegetation wurde kahlgefressen und die Verjüngung des Waldes stark beeinträchtigt. Da die Flussvegetation nicht mehr nachwuchs, wurden einige Vogelarten stark beeinträchtigt. Trotz seines Schutzstatus verschwand der Biber aus den Gebieten mit der höchsten Hirschdichte. Rotfuchs und Gabelantilope hatten Mühe, ihre Bestände zu halten, weil sie von Kojoten vermehrt bejagt wurden. Krankheiten breiteten sich aus, so reduzierte zum Beispiel eine ansteckende Hornhaut- und Bindehautentzündung die Dickhornschafbestände. Trotz seines Schutzstatus wurde der Yellowstone Nationalpark mehr und mehr zu einer ökologisch verarmten Landschaft. Angesichts der Probleme und dank einiger wissenschaftlicher Erkenntnisse und politischen Willens rang man sich durch, die natürlichen Feinde von Hirsch und Co. entweder zu akzeptieren oder zurückzubringen – allen voran den Wolf. In kurzer Zeit trimmte der Wolf die Hirschpopulation wieder fit. Nun verjüngte sich der Wald, die Flussvegetation erholte sich und mit ihr kehrten Biber und Vögel zurück. Der Wolf reduzierte zudem die hohe Kojotenpopulation, was sich positiv auf die Fuchs- und Gabelantilopenbestände auswirkte. Kurzum, was der Mensch in achtzig Jahren nicht geschafft hatte – ein gesundes Ökosystem aufzubauen und zu erhalten –, scheinen die Wölfe innerhalb von 15 Jahren geschafft zu haben. Zu gut, um wahr zu sein, mögen Skeptiker einwenden. Doch Yellowstone ist kein Einzelfall: Wo die «Top-Prädatoren» aus dem System entfernt wurden oder werden, nimmt die Artenvielfalt ab. Werden sie aber erneut eingeführt, so erholt sich die Natur in der Regel wieder.

In der Schweiz fehlte lange Zeit der Einfluss großer Beutegreifer und die Flora und Fauna nimmt, trotz regulierter Jagd, weiterhin kontinuierlich ab. Statt den Wolfsschutz zu lockern, sollten wir uns vehement für den höchstmöglichen Schutz dieser Tiere einsetzen und zugleich – sehr wichtig – die Rückkehr von Wolf, Bär und Co. wissenschaftlich begleiten, dokumentieren und großflächig in Schulen, Gemeindesälen und bis hin zu Stammtischen diskutieren! Wir könnten eine revolutionäre neue Epoche in Sachen

Mensch – Natur einläuten, in der die Pflege unserer Umwelt, der Erhalt eines langfristigen, gesunden Naturkreislaufes wichtiger ist als kurzfristiges ökonomisches Denken. Jeder, der einmal die Gelegenheit hatte, einem Bären oder einem Wolf in freier Wildbahn in die Augen zu blicken, wird in einem Sekundenbruchteil seinen Platz auf Erden intuitiv verstehen und mit einem starken Gefühl von Ehrfurcht nach Hause gehen. Diese Art von Ehrfurcht vor einem anderen Geschöpf und dessen Welt (welche auch die unsere ist), ist das Wertvollste an der Koexistenz mit solchen Arten. Und ganz nebenbei gesagt, diesen Respekt vor der Natur und ihren Geschöpfen können unsere Kinder nicht vor einem Computerbildschirm lernen. Genau darum brauchen wir den Wolf mehr denn je!

Reinhard Schnidrig, Eidgenössischer Jagd- und Fischereiinspektor

Reinhard Schnidrig ist Zoologe. In seiner Doktorarbeit hat er das Verhalten von Gämsen gegenüber Hängegleitern untersucht und daraus praktikable Vorschläge entwickelt für ein lebbares Nebeneinander von Wildtieren und Freizeitmenschen im gemeinsamen Lebensraum. Jetzt ist er Chef der Sektion Jagd, Wildtiere und Waldbiodiversität im Schweizer Bundesamt für Umwelt (BAFU). Mit dem «Dossier Wolf» hat er eine ähnliche Aufgabe gefasst wie damals. Gefordert ist wiederum ein Kompromiss in einem Nutzungskonflikt zwischen Tier und Mensch. Es gilt, das Gesetz umzusetzen, das den Wolf schützt, und zugleich dafür zu sorgen, dass die Präsenz der Wölfe nicht zu «unzumutbaren Einschränkung» für die Berglandwirtschaft führt, wie das «Konzept Wolf Schweiz» (siehe Seiten 97 und 117) vorschreibt.

Reinhard Schnidrig ist leidenschaftlicher Jäger. Fragt man ihn nach seinem persönlichen Verhältnis zum Wolf, äußert sich diese Leidenschaft so: «Die Landschaft, in der der Wolf geht, riecht anders. Man sieht ihn nicht, aber das Wissen, dass im Gebiet, in dem man unterwegs ist, ein Wolf zieht und seine Nahrung sucht, gibt dem Raum eine andere Energie. Die Großraubtiere bringen eine Dimension von Wildheit, Natur, Ursprünglichkeit zurück in die Landschaft – genau das, was ich in meiner Auszeit auf der Jagd suche. Das ist es, was der Wolf uns bietet.»

Im «Konzept Wolf Schweiz» ist viel von Schadensverhütung und -vergütung die Rede, von der Schaf- und Ziegenhaltung – aber wenig vom Wolf selbst. Welche Ziele hat die Schweiz in Bezug auf die Erhaltung dieser Wildtierart?

Der Wolf ist ein Element der einheimischen autochthonen Fauna. Er war zeitweise ausgerottet, wandert derzeit aber wieder ein. Ökologisch hat er bei uns seinen Platz. Er soll sich deshalb hier auch niederlassen, fortpflanzen und die geeigneten Lebensräume besiedeln können. So fordern es auch die einschlägigen Gesetze und internationalen Übereinkommen. In ihnen ist der Wolf eine geschützte Art.

Andererseits gibt es beim Wolf – wie bei ein paar anderen Arten auch – Konflikte, sei dies mit der Landwirtschaft oder mit der Jagd. Deshalb müssen wir verhindern, dass er zu hohe Schäden am Kleinvieh anrichtet, und dafür sorgen, dass eine normale jagdliche Nutzung seiner Beutearten weiterhin möglich ist.

Wo findet der Wolf in der Schweiz geeignete Lebensraumbedingungen?

7 Reinhard Schnidrig.

Angesichts der Anpassungsfähigkeit dieses Tiers müsste man sich eher fragen, wo nicht. In den Agglomerationen hat der Wolf sicher nichts verloren, und er wird auch nicht da auftauchen. Doch sobald es ein wenig ländlich wird, können sich Wölfe grundsätzlich behaupten. Man sieht dies in anderen europäischen Ländern, zum Beispiel in Spanien und Portugal, wo Wölfe auch relativ stark genutzte Agrarlebensräume besiedeln. Grundsätzlich kann man sagen, dass in der Schweiz sicher die Alpen, die Voralpen und der Jura als Wolfslebensräume geeignet sind und auch eine ausreichende Nahrungsbasis bieten.

Welche Auswirkungen auf die Beutetierpopulationen erwartest du, wenn sich der Wolf bei uns etabliert?

In Gebieten, in denen der Rothirsch vorkommt, wird dieser das wichtigste Beutetier sein. Der Hirsch hat ein sehr hohes Fortpflanzungspotenzial, vor allem, wenn die Bestände an den Lebensraum angepasst sind. Die Hirschkühe setzen dann mehr Kälber als in einer gesättigten Population. Sinkt der Bestand, weil zum Beispiel Wölfe im Gebiet sind, steigt dafür der Fortpflanzungserfolg: Das Kapital schrumpft zwar etwas, aber der Zins steigt. Ich denke deshalb, dass die Präsenz von Wolfsrudeln in einem Gebiet mit Rothirschen die jagdliche Nutzung nicht wesentlich beeinträchtigen wird. Zumal dann auch noch das Territorialsystem der Wölfe wirksam wird, das der Besiedlungsdichte natürliche Grenzen setzt. Man hat in verschiedenen Gebieten, in denen sich Wölfe neu ausbreiteten, gesehen, dass die Besiedlungsdichte des Wolfs und auch die Schäden an Kleinvieh zurückgehen, sobald sich ein Rudel etabliert hat und sein Revier verteidigt.

Spüren wird man die Wolfspräsenz aber am Verhalten der Wildtiere. Sie haben in den Zeiten ohne natürliche Feinde Verhaltensweisen aufgegeben, die sie vor Wölfen schützten. Jetzt müssen sie wieder umlernen. Für die Gämse könnte dies zum Beispiel bedeuten, dass sie sich aus dem Wald zurückziehen wird. Dass Gämsen so agil und grazil im Fels unterwegs sein können, hat vor allem mit dem Wolf zu tun: Sie bringen sich so in Sicherheit vor ihm. Im Wald aber, wo sich in der wolfsfreien Zeit vielerorts Gämsen niedergelassen haben, hat der Wolf möglicherweise ein leichtes Spiel.

Welche Auswirkungen hat die Anwesenheit von Wölfen auf die Jagdplanung?

Sie wird schon anders – zumal der Wolf ja meist zusammen mit dem Luchs vorkommen wird. Man muss damit rechnen, dass es andere und verstärkte Fluktuationen in den Wildbeständen geben wird. Und das wird der Jagdplanung neue Herausforderungen bieten. Jagdplanung erfordert nämlich möglichst stabile Verhältnisse, die die Natur aber leider nicht bietet – wegen der Winter, deren Härte und Auswirkung auf die Sterblichkeit, aber in Zukunft auch wegen der Großraubtiere im System. Wir sehen zurzeit in verschiedenen Regionen, dass der Luchs starke Auswirkungen auf lokale Wildbestände haben kann. Großräumig und längerfristig gleichen sie sich aber wieder aus. Das bedeutet, dass namentlich in Kantonen mit dem Reviersystem einzelne Revierpächter sich möglicherweise über mehrere Jahre mit einer geringeren Jagdstrecke begnügen müssen, wenn die örtlichen Wildbestände im Tief sind.

Die Jäger haben aber selber die Möglichkeit, präventiv Voraussetzungen für ein einigermaßen konfliktfreies Zusammenleben mit Großraubtieren zu schaffen: Indem sie selbst gut regulieren, das heißt, die Wildpopulationen jagdlich auf einen Bestand bei ungefähr zwei Dritteln der ökologischen Kapazität einregulieren. So bleiben die Wildschäden im Wald im Rahmen, und man bringt die Population in eine Phase, in der sie Kraft hat und hohen Zuwachs produziert. Dann ist der Zins so hoch, dass es für Wolf und Jäger reicht.

Die Präsenz der Wölfe soll nicht «zu unzumutbaren Einschränkung» für die Kleintierhaltung führen, heißt es Wolfskonzept. Was ist zumutbar und was nicht mehr?

Die Schafhaltung muss sich klar in Richtung einer Abkehr vom freien Weidegang hin zu einer besseren Weideführung entwickeln, sei es mit Hirt und Hund oder mit Zäunen. Das ist nicht nur wegen des Wolfs sinnvoll, sondern allgemein für eine bessere Nutzung der Alpen ohne Vegetationsschäden, Erosionsprobleme und Übertragung von Krankheiten auf Wildtiere.

Für die Schafhaltung ist es zumutbar, dass sie sich an die gültigen Regeln hält, zum Beispiel nur gesunde Tiere auf die Alp bringt, Übernutzung vermeidet und dass sie die Instrumente, die ihr vom Bund in Sachen Behirtung und Herdenschutz angeboten werden, auch nutzt.

Schafhalter meinen, die Herdenschutzmaßnahmen seien vielfach gar nicht umsetzbar. Namentlich fokussiere das BAFU auf die relativ kurze Sömmerungszeit, wo doch die Tiere auch zuvor und danach draußen seien. Und dies meist auf kleineren Weiden und in kleineren Herden, die nur mit unverhältnismäßigem Aufwand zu schützen sind.

Es trifft sicher zu, dass wir uns in den Anfängen stark auf die Sömmerungsalpen konzentriert haben, hier trat das Problem ja auch zuerst auf. Wir werden nun auch für die Frühlings- und Herbstweiden Lösungen finden müssen. Hier hat man die Schafe aber meist in Situationen, in denen mit Zäunen einiges getan werden kann. Diese Weiden sind für den Halter häufig auch in erreichbarer Nähe, sodass es vielerorts möglich sein sollte, die Tiere nachts einzustallen.

Es kann allerdings tatsächlich auch schwierige Situationen geben, wo der Schutz der Tiere sehr aufwendig wird. Aber generell ist das nicht so. Einfach zu sagen, es ist nicht möglich, bevor man es nicht auch versucht hat, geht meiner Ansicht nach nicht. Es braucht die Bereitschaft der Schafhalter zur Zusammenarbeit.

Der Wolf sei in Mitteleuropa gar keine bedrohte Art, sagen Schafhalter und Jäger. Tatsächlich zählt die italienisch-französische Wolfspopulation derzeit um die tausend Tiere. Braucht es da überhaupt noch die Schweiz als Lebensraum, um sie zu erhalten?

Wenn man es so rein zahlenmäßig betrachtet, nicht. Aber das darf nicht die Frage sein. Naturschutz erfordert die Zusammenarbeit – und damit auch die Solidarität – aller Länder. Dieser Grundsatz ist sehr wichtig für die Durchsetzung von Naturschutzanliegen auf europäischer Ebene. Die geschützten Arten sollen nicht einfach in den paar Ländern Lebensraum finden, wo sie auf geringsten Widerstand stoßen. Beim Schutz von Natur und Wildtieren müssen alle mitmachen. Beim Wolf in Mitteleuropa betrifft das namentlich die Alpenländer. Das Ziel ist eine lebensfähige Wolfspopulation in den ganzen Alpen, die Schweiz als Staat im Zentrum der Alpen darf sich hier nicht ausnehmen.

National- und Ständerat möchten den Schutz des Wolfs lockern: Nachdem der Versuch gescheitert war, ihn in der Berner Konvention aus der Kategorie der «streng geschützten» Arten in jene der «geschützten» zurückzustufen. fasste das Parlament 2010 einen Beschluss, der im Endeffekt auf eine Kündigung der Mitgliedschaft in dieser Naturschutzkonvention hinauslaufen könnte (siehe Seite 109). Sehen Sie eine Lösung für den Konflikt um den Wolf, bei der sich dieser fatale Schritt vermeiden ließe?

Nun, ein Parlamentsbeschluss ist für uns in der Bundesverwaltung Gebot. Nur ein anderer Parlamentsbeschluss kann unser Mandat abändern. Deshalb werden wir im Jahr 2011 ein Gesuch an den Europarat zur Abänderung der Berner Konvention stellen. Eine Alternative könnte es geben, wenn wir innerhalb des jetzigen Vertragswerks eine Möglichkeit finden, um die Anliegen der Mehrheit der beiden Räte in der Sache aufzunehmen. Man könnte beispielsweise den Ausnahmeartikel 9 der Konvention so interpretieren, dass ein Vertragsstaat in der nationalen Gesetzgebung Möglichkeiten zur Regulation von Wolfsbeständen vorsehen kann, wenn sich entsprechend große Probleme ergeben.

Regulieren heißt hier, Wölfe abschießen. Gesetzt der Fall, auch die Schweiz wird zum Wolfsland, mit Rudeln, regelmäßigem Nachwuchs und Verbreitung in weiten Teilen der Alpen und des Juras: Wie könnte eine solche Bestandesregulation dann aussehen?

Ich gehe davon aus, dass sich die Schafhaltung bis dann so weit angepasst hat, dass ein schöner Teil der kleinen Herden zusammengelegt ist, wir größere Schafalpen mit mehr Tieren bewirtschaften und diese einigermaßen durch Hirten und Hunde schützen können. Vorstellbar ist, dass wir es ähnlich machen wie heute mit dem Luchs, wo das Management innerhalb von sogenannten Großraubtierkompartimenten erfolgt. Sollten nun in einem Kompartiment die Schäden an Kleinviehherden trotz etabliertem Herdenschutz überhand nehmen oder die Wildbestände zu stark dezimiert werden, könnte man einen Teil des Wolfsbestandes in der Schadensregion zum Abschuss freigeben.

Aber diese Frage stellt sich zurzeit noch nicht. Wir sagen heute zum Wolf «ja, aber». Zuerst braucht es das «Ja». Erst danach, wenn der Wolf seinen Platz gefunden hat, kann man über das «Aber», das heißt die Regulation des Bestandes auf einem gesellschaftsverträglichen Niveau reden.

Für wie viele Wölfe hat es Platz in der Schweiz?

Ich sage es mal so: Es hat für genau so viele Wölfe Platz, wie wir dafür im Kopf und im Herz Platz machen. Oder anders gesagt: Die Anzahl Wölfe in der Schweiz und auch in andern Ländern wird sich nie nach der ökologischen Kapazität richten können, sondern immer an der soziopolitisch getragenen Dichte orientieren müssen. Ich finde dies auch richtig, wenn wir beim Wolf wie bei allen andern geschützten Arten vor der Regulierung das Überleben des Bestandes sichern. Das würde für mich heißen: Bevor wir mit einer Abschussquote funktionieren, muss grundsätzlich die flächige Verbreitung und die regelmäßige Reproduktion in einer Region nachgewiesen sein.

Kurt Eichenberger, WWF Schweiz

Bevor Kurt Eichenberger zum WWF kam und hier unter anderem auch mit dem Dossier «Wolf» betraut wurde, war er Botaniker. Bei Pro Specie Rara, einer Organisation, die sich für die Erhaltung der Sorten- und Rassenvielfalt bei unseren Nutztieren und -pflanzen einsetzt, war er für den Bereich der Garten- und Ackerpflanzen zuständig. Pro Specie Rara arbeitet eng mit Bäuerinnen und Bauern zusammen, die alte Sorten anbauen und bedrohte Nutztierrassen am Hof halten.

Im WWF ist Kurt Eichenberger zuständig für den gesamten Bereich Biodiversität und damit für rund 40 000 Tier- und Pflanzenarten in der Schweiz. «Mich fasziniert, dass es in der Natur Wesen gibt, die dem Menschen gegenüber eine gewisse Ebenbürtigkeit zeigen», sagt er über den Wolf, der ihn derzeit wohl überproportional beschäftigt. «Ich bin der Meinung, dass es wichtig und sinnvoll ist, mit seiner Umgebung in einem Wechselspiel zu stehen. Ausrottungen, sei es nun des Wolfes, der Stechmücke oder des Diphterie-Erregers sehe ich nicht als Errungenschaften der menschlichen Kultur. Es geht immer wieder darum, ein Gleichgewicht zu finden.»

Zur Studienzeit verbrachte Kurt Eichenberger auch längere Einsätze auf einer Ziegenalp, hat gehirtet und gekäst. Auch heute lässt ihn die Landwirtschaft nicht los. Temporär springt er bei Bauern ein und hütet den Betrieb, wenn die Bauernfamilie in die Ferien geht.

Warum brauchen wir Wölfe?

Müssen wir diese Frage nicht anders stellen? Ich persönlich glaube, dass die Menschheit sich nicht nur nach dem Nutzen von Natur orientieren darf, sondern als stark in die Natur eingreifendes Wesen auch eine besondere Verantwortung für sie trägt. Der Mensch ist ein Teil der Natur, und er soll sich auch als solchen betrachten und nicht alleine aufgrund von Nützlichkeitsüberlegungen handeln.

Die Natur ist so komplex, dass wir heute nicht entscheiden können, was wir morgen brauchen. Hätten wir heute Schafe, wenn wir den Wolf nicht hätten? Nein, denn jahrtausendelang konnte der Mensch nur Schafe domestizieren, da er den Hund hatte, dessen Vorfahre der Wolf ist. Nun kommt der Wolf zurück und beansprucht einen Teil der Natur, oder besser gesagt unserer Kulturlandschaft, wieder für sich. Lassen wir dies nicht zu, handeln wir nach dem leider weit verbreiteten Prinzip, dass wir verwerfen, was wir gerade nicht brauchen können.

Ohne die großen Beutegreifer ist die Natur nicht komplett. Beutegreifer bestimmen seit jeher Evolution und Verhalten ihrer Beutetiere, und sie sorgen für eine sinnvolle Selektion, indem sie vorwiegend schwache, kranke und junge Tiere reißen.

Welche Ziele hat der WWF in Bezug auf den Wolf in den Alpen?

Der WWF möchte, dass sich auch im Alpenraum eine lebensfähige Wolfspopulation etablieren kann. Dazu braucht es die Mitarbeit der Schweiz. Bis jetzt kann man aber diesbezüglich eher sagen, dass die Schweiz einen Riegel für das Vorwärtskommen der Wölfe in die östlichen Alpenregionen darstellt. Wir sind jedoch überzeugt, dass sich auch bei uns die Wogen glätten werden und sich eine gewisse Nüchternheit einstellen wird.

Schafhalter bestreiten, dass ein Zusammenleben mit dem Wolf in der Schweiz möglich ist.

Für die Nutztierhaltung gibt es einen zum Teil schmerzlichen Anpassungsprozess. Besonders betroffen sind Halter von kleinen Schafherden, Nebenerwerbsbauern und Hobbyhalter also. Erstens lohnt sich finanziell für diese Personen der Aufwand für den Herdenschutz nicht, und zweitens ist bei ihnen der emotionale Bezug zu ihren Tieren besonders groß. Die einzige Möglichkeit, langfristige Sicherheit für die Schafe herzustellen, besteht darin, dass sich die Halter zusammentun, größere Herden bilden und diese professionell schützen lassen. Dies ist mancherorts durch ungünstige geografische Bedingungen, besondere Besitzverhältnisse, unterschiedliche Zuchtziele oder mangelnden Kooperationswillen erschwert.

Andererseits muss man aber festhalten, dass die Schäden durch Wölfe im Vergleich zu anderen Schäden gering sind. Die 10 bis 15 Wölfe, die derzeit in der Schweiz leben, rissen im Jahr 2010 weniger als hundert Nutztiere, und diese bei mangelhaftem oder inexistentem Herdenschutz. Im Vergleich zu den auf vier bis fünf Prozent geschätzten natürlichen Abgängen durch Krankheiten, Steinschlag oder Unfälle, das heißt, bei über 10 000 verendenden Schafen pro Jahr, sind die aufgetretenen Wolfsrisse vernachlässigbar.

Ein Wolfsübergriff ist in einer ungeschützten Herde manchmal überaus heftig. Der Schaden für den einzelnen Halter ist schmerzhaft, die Nachricht geht durch die ganzen Medien und setzt sich in den Köpfen fest. Sollten sich Wolfsfamilien installieren, wird der Herdenschutz in den betroffenen Revieren aber noch zentraler. Die Familienmitglieder dürfen sich auf keinen Fall an Nutztiere als Beute gewöhnen.

8   Kurt Eichenberger.

Mit Unbehagen reagieren auch die Jäger auf den Wolf. Sie sehen in ihm eine Bedrohung für die Wildbestände. Was meinst du dazu?

Es sind noch nicht viele Studien zu diesem Thema gemacht worden. Erfahrungsberichte aus der Oberlausitz in Deutschland und aus der Surselva im Graubünden zeigen, dass sich lokal große Verschiebungen einstellen können, dass sich die Wildbestände in Revieren von Rudeln oder Wölfen insgesamt aber nicht stark verändern. Die Hauptveränderungen werden sein, dass sich das Wild in vom Wolf besiedelten Regionen deutlich scheuer verhält, was die Jagd erschwert, und dass die saisonalen Schwankungen zunehmen.

Grundsätzlich ist die Jagd heute eine Tradition und ein Hobby. Die Regulation von Wildbeständen, welche die Jägerschaft bisher in Anspruch nimmt, bekommt mit der Anwesenheit von Wolf, Luchs und Bär eine andere Dimension, vor allem dann, wenn die Anwesenheit der Großraubtiere flächendeckend sein wird.

Jäger kennen im Normalfall ihre Umgebung sehr gut und führen heute schon vermehrt Umweltpflegeeinsätze durch. Die Entwicklung sollte in diese Richtung weitergehen – Jäger als Kenner und Pfleger der Natur, die für ihren Einsatz den Zins der Natur abschöpfen dürfen, ohne Tierarten dabei zu gefährden.

Mir persönlich ist ein in Respekt und unter Einhaltung der Gesetze geschossener Hirsch jedenfalls viel lieber als ein gekauftes Poulet, sinnlos gemästet und irgendwo auf der Welt produziert.

Was tut der WWF für den Wolf?

Der WWF betreibt viel Öffentlichkeitsarbeit und versucht, über die Lebensart des Wolfes aufzuklären. Zudem versteht er sich als Anwalt des streng geschützten Tieres, ergreift somit auch juristische Mittel, wenn mit ungleichen Spießen und ungerechtfertigt gegen den Wolf vorgegangen wird. Zentral sind die Projekte, die dazu beitragen sollen, das Zusammenleben von Mensch und Wolf zu erleichtern. Der WWF hat mitgeholfen, den Herdenschutz vor zehn Jahren in der Schweiz einzuführen. Heute betreibt der Bund den Herdenschutz mit bereits etwa 200 Hunden. Der WWF ergänzt diese Tätigkeiten mit innovativen Maßnahmen. So werden Hirten-Hilfen für den Einsatz auf Alpen vorbereitet, Winterpensionen für die Winterhaltung von Hunden mitfinanziert und Maßnahmen für die Information von Touristen und Einheimischen über das Verhalten von Herdenschutzhunden ausgearbeitet (www.wwf.ch/herdenschutz). Verstärkt wurde auch die Basisarbeit. Der

WWF arbeitet heute in verschiedenen Gremien mit dem Schafzüchterverband und Jagdverbänden zusammen, um gemeinsam nach Lösungen zu suchen.

> *Der Wolf ist eine von mehreren Zehntausend einheimischen Tierarten, und im Gegensatz zu vielen anderen findet er sich zurzeit in Europa ganz gut zurecht. Ist es gerechtfertigt, für ihn so viel Kraft und Geld zu investieren, das dann für dringendere Dinge im Naturschutz fehlt?*

Der Mangel an Geldern für den Naturschutz darf sicher nicht mit den Ausgaben für den Wolf begründet werden. Wenn ich die Mittel, die für den Straßenbau verwendet werden, mit den Ausgaben für den Naturschutz vergleiche, wundert es mich nicht, wenn wir aufgrund der herrschenden Budgets die eine Notwendigkeit gegen die andere ausspielen. Es ist auch nicht möglich, die Wichtigkeit von einem Organismus gegenüber einem anderen abzuwägen und richtig einzuschätzen. Wichtig dünkt mich zu erwähnen, dass ein Wolf seine ganze Umgebung beeinflusst – den Menschen und die Landwirtschaft, das Verhalten von Wildtieren und damit die Entwicklung von Wäldern.

> *Bist du dem Wolf schon mal in der Natur begegnet?*

Ich habe Wölfe gerochen und Spuren gesehen. Es war in Schweden an einem Rendez-vous-Platz. Die vorgefundenen Spuren wiesen darauf hin, dass kurz vor unserem Besuch Paarungen stattgefunden haben. Ich habe aber nicht den innigen Wunsch, Wölfe unbedingt zu Gesicht zu bekommen. Seine Spuren zu deuten, seine Beutetiere zu finden, ihn zu riechen und seine Nähe zu wissen, ohne ihn zu sehen, ist spannend genug und erzählt viel über seine Sozialität und Intelligenz.

Wolfsangriffe: Fakt oder Fiktion?

Es war am Tag vor Weihnachten anno 1612. Der norwegische Soldat Andres Solli war auf Skiern unterwegs, als er von einem Wolfsrudel attackiert wurde. Mit seinem Schwert tötete er einen Wolf, worauf sich die übrigen auf das tote Tier stürzten und es vertilgten. Er gewann so ein paar hundert Meter Vorsprung, doch bald waren die Wölfe wieder bei ihm. Wiederum griff Andres Solli zu seiner Waffe, doch das Schwert blieb in der Scheide stecken: Es war mit dem Blut des Wolfs festgefroren. Der Soldat wurde mit Haut und Haar gefressen. Man fand von ihm bloß noch das Schwert, die Skier und die rechte Hand.

Die Geschichte findet sich in einer Studie des norwegischen Umweltministeriums, bei der sämtliche in der wildtierbiologischen, medizinischen und veterinärmedizinischen Literatur sowie in historischen Quellen überlieferte Berichte über Wolfsangriffe näher betrachtet wurden. Der älteste dokumentierte Vorfall ereignete sich 1557 in Thüringen: Ein tollwütiger Wolf biss elf Menschen, von denen mehrere starben. Der jüngste tödliche Angriff eines – ebenfalls tollwütigen – Wolfs ist aus dem Jahr 2001 aus Litauen dokumentiert.

Fazit: Es kann tatsächlich vorkommen, dass Wölfe einen Menschen angreifen und tödlich verletzen. Doch solche Unfälle sind sehr selten: Der Wolf gehöre zu den harmlosesten Wildtieren in seiner Größenkategorie, ist das Fazit der Studie. Die meisten Unfälle ereignen sich in Asien. In Indien sind im Lauf des 20. Jahrhunderts mehrere Hundert Menschen von Wölfen getötet worden, im Iran 82. In Europa waren es insgesamt neun.

Die Mehrheit der registrierten Angriffe ging von tollwütigen Wölfen aus. Da eine Behandlung frühzeitig nach dem Biss möglich ist – die erste Behandlung entwickelte bereits Louis Pasteur Ende des 19. Jahrhunderts –, erkrankt der größte Teil der gebissenen Opfer nicht. In Europa und Nordamerika ist die Tollwut weitgehend ausgerottet.

Andere Berichte betreffen Wölfe, die ihrerseits von Menschen in die Enge getrieben worden waren und sich beißend wehrten. Indessen sind auch nicht provozierte Angriffe nicht tollwütiger Wölfe, die Menschen wie eine Beute attackieren und teils auch töten, eine Realität. Aus der zweiten Hälfte des 20. Jahrhunderts sind für Europa vier Fälle, alle aus Spanien, überliefert. Die Opfer waren Kinder im Alter von elf Monaten bis fünf Jahren.

In den letzten Jahren wurden weitere Fälle bekannt. Im November 2005 töteten angeblich vier Wölfe in der kanadischen Provinz Saskatchewan einen 22-jährigen Mann. Zwar blieb die Urheberschaft umstritten, doch schließlich wurde der Angriff Wölfen zugeschrieben. Es handelte sich somit um den ersten Todesfall durch Wölfe in Nordamerika. Das Rudel war den Bewohnern der Gegend schon in den Tagen zuvor durch seine verminderte Scheu gegenüber Menschen aufgefallen und hatte seine Nahrung auf Abfallhalden gesucht.

The fear of wolves:
A review of wolf attacks on humans
by John Linnell (NINA) et al.,
Trondheim (Norwegen), 2002.

Redinger, Elli H. (2004): Wolfsangriffe.
Fakt oder Fiktion? Verlag von Döllen, Wetzlar.

Auch nach ihrer Ausrottung blieb die Faszination für Raubtiere. Zu sehen sind sie heute in Zoos, aber für viele lohnt sich eine Reise in Gebiete, wo die Chance besteht, einem frei lebenden Wolf zu begegnen.

Freizeitdestination Wolf

Wölfe in Zoos, Wölfe als Reiseziel

1

Artgerechte Haltung von Wölfen in Zoos und Wildparks

Claudia Kistler

Wolfshaltungen trifft man in vielen Zoos an, unter anderem, weil Wölfe als Raubtiere in der Zuschauergunst weit oben stehen. Die artgerechte Haltung von Wölfen ist jedoch sehr anspruchsvoll.

Voraussetzung für eine artgerechte Tierhaltung sind die Kenntnisse der spezifischen Bedürfnisse einer Tierart, denn die Tiere sollen in einem Gehege möglichst viele Verhaltensweisen zeigen können, die sie in freier Wildbahn leben. Entsprechen die Haltungsbedingungen den Bedürfnissen nicht, können die Tiere Verhaltensstörungen entwickeln. Ein Beispiel ist das Hin- und Hergehen der Tiger entlang dem Käfiggitter, im Fachjargon Stereotypie genannt. Dies ist ein untrügliches Zeichen dafür, dass das Tier mit der Gehegehaltung überfordert ist und versucht, durch dieses funktions- und ziellose Verhalten mit der Situation zurechtzukommen.

Für ein artgerechtes Wolfsgehege sind eine ganze Reihe von Eigenschaften und Verhalten des Wolfs zu berücksichtigen:

- Der Wolf lebt im Familienverband, in dem vielschichtige soziale Beziehungen und geschlechterabhängige Rangordnungen bestehen.
- Wölfe sind Langstreckenläufer. Für die Nahrungssuche durchstreift das Wolfsrudel sein weiträumiges Revier. Ein Beutetier wird oft über lange Strecken verfolgt.
- Aufgrund der großen Aufnahmefähigkeit ihres Magens und der raschen Verdauung können Wölfe sehr schnell sehr viel Nahrung aufnehmen und dann tagelang ohne Nahrung auskommen.
- Die Ruhephasen werden für Spiele und intensive Sozialkontakte genutzt. Mit subtiler Körperhaltung und Mimik werden Gefühle und Absichten kommuniziert.

Zwar pflanzt sich in der Regel ausschließlich das leitende Paar fort, die Aufzucht der Jungtiere hingegen ist die Angelegenheit des ganzen Rudels. Die Welpen kommen in Erdbauen zur Welt und erkunden von dort aus nach und nach die Umgebung.

Im Wolfsrudel dreht sich viel um den Nachwuchs; Paarungszeit, Geburt und Jungenaufzucht beanspruchen drei Viertel eines Jahres. Daher gehört die Jungenaufzucht zu einer artgerechten Wolfshaltung. Für Zoos kann

1 Auf Nahrungssuche durchstreift ein Wolf ein weiträumiges Revier. Gehege sollten daher möglichst groß sein.

2 Beobachtungsstand im Gehege Parco Faunistico del Monte Amiata in der Toscana.

3 Die Gehegegröße sollte möglichst auch einen Sprint erlauben.

daraus eine problematische Situation entstehen. Nicht selten muss man überzählige Tiere töten, wenn sie im Rudel nicht mehr geduldet werden und kein anderer Zoo sie übernehmen kann.

Das Gelände des Wolfsgeheges sollte so gewählt werden, dass diesen biologischen Eigenheiten Rechnung getragen wird. Das Gehege sollte möglichst groß sein. Ein gutes Beispiel dafür ist das 10 000 Quadratkilometer große Wolfsgehege im Wildpark Langenberg bei Zürich. Je nachdem, wie viele Wölfe im Gehege gehalten werden, kann aber sogar ein Gehege dieser Größe zu klein sein.

Wichtig ist, dass die Topografie des Geländes abwechslungsreich geformt ist, mit steilen und flachen Abschnitten, mit dichter und lichter Vegetation, mit fließendem und stehendem Wasser. Die Tiere sollten zum Laufen animiert werden, sich in geschützte Bereiche zurückziehen, aber auch ihren Spieltrieb ausleben und die Umgebung überblicken können. Stellen, die Überblick gewähren, können natürliche Abhänge oder Hügel sein oder mit großen Steinblöcken gestaltet werden, die gleichzeitig auch als Bereich für Laufspiele oder als Ruheplätze dienen können.

Wölfe gelten als Distanztiere, das heißt, sie ruhen in gebührendem Abstand zueinander. Daher müssen Stellen zum Ruhen Platz für alle Rudelmitglieder bieten. Schlaf- und Ruheplätze sollten von verschiedener Qualität, also sonnig, schattig, wettergeschützt oder erhöht sein. Die Wölfin sollte für die Geburt der Jungen eine Höhle graben können. Als Höhlenersatz werden häufig betonierte Kunstbaue angeboten, die für das Publikum günstig gelegen sind und mit Beobachtungskameras bestückt werden können.

Von großer Wichtigkeit ist, das Gehege so zu strukturieren, dass sich die Tiere bei Auseinandersetzungen ausweichen können. Soziale Auseinandersetzungen im Rudel sind eine große Herausforderung der Wolfshaltung. Bei Zunahme der Rudelgröße muss mit Streitereien gerechnet werden, vor allem wenn im Rudel neben der Leitwölfin geschlechtsreife Weibchen leben. In der Natur ziehen junge geschlechtsreife Rüden oder Fähen vom Rudel weg, was in der Gehegehaltung aber nicht möglich ist.

Vor allem die weiblichen Tiere werden daher abgebissen. Das kann für das betroffene Tier mitunter tödlich enden. Auch eine Veränderung beim elterlichen Paar bringt viel Unruhe in den Familienverband. Die Tierpflege sollte sich daher vor allem während der Fortpflanzungsperiode Zeit nehmen, um das

3

4

Rudel beobachten und gegebenenfalls eingreifen zu können, wenn es zu sozialen Spannungen kommt. Von Vorteil ist, wenn das Gesamtgehege aus zwei oder drei Teilgehegen besteht. Einzelne Tiere, die behandelt oder aus dem Rudel entfernt werden müssen, können darin abgetrennt werden.

Das Futter sollte so angeboten werden, dass die Tiere ihre artspezifischen Nahrungssuchstrategien anwenden müssen. Bei Karnivoren und speziell beim Wolf ist das schwierig, weil sie lebende Beute jagen. Lebendfütterungen sind heute vielerorts verboten oder werden aus ethischen Gründen nicht praktiziert. Eine Alternative ist, ganze geschlachtete Beutetiere oder große Teile eines Beutetiers anzubieten. So sind die Wölfe mit dem Zerlegen und Aufteilen der Beute untereinander beschäftigt. Ein weiterer Vorteil bei der Fütterung von ganzen Tieren (mit Haut, Haar und Innereien) ist, dass die Wölfe so alle Nährstoffe bekommen, die sie brauchen. Die Fütterungsintervalle und -zeiten sollen unregelmäßig sein, damit für die Tiere keine langweilige Routine entsteht.

Eine interessante Idee für die Anreicherung des Wolfsalltags wird im Zoo Zürich umgesetzt: Von Zeit zu Zeit dürfen die Wölfe die – während der Wolfsbesuchszeit selbstverständlich leeren – Außengehege der Tiger oder der Löwen besuchen. Dazu wurden die Gehege mit speziellen Gängen verbunden. Anfänglich reagierten die Wölfe sehr verschüchtert auf das Angebot, bis schließlich die Neugierde siegte. Heute schaffen die Wölfe bei ihren Ausflügen in das Reich der Raubkatzen als Erstes die übrig gelassenen Knochen der Tigermahlzeiten in ihr eigenes Gehege und gehen dann zurück auf intensive Erkundungstour.

Eine weitere Maßnahme, den Zooalltag der Wölfe abwechslungsreicher zu gestalten, ist die verschiedentlich praktizierte Gemeinschaftshaltung mit Braunbären. Auch den Zoo-Besuchenden verschafft eine solche Gemeinschaftshaltung attraktive Beobachtungsmöglichkeiten.

Zoo-Besuchende sind ein bedeutender Umweltfaktor im Alltag der Zootiere. Das Gehege muss daher so angelegt und strukturiert werden, dass von außen nicht einsehbare Bereiche entstehen, die die Tiere bei Bedarf aufsuchen können. Spannende Einblicke ins Gehege für Zoo-Besuchende können punktuell an geeigneten Stellen gewährt werden. Für Kinder interessant sind Holzwände versehen mit Sehschlitzen, die auf verschiedenen Höhen angebracht sind und unterschiedliche Ausschnitte des Geheges zeigen. Einen befriedigenden Kompromiss zu finden zwischen den Bedürfnissen der Raubtiere nach großen, reich strukturierten Gehegen mit vielen Rückzugsmöglichkeiten und dem Bedürfnis der Zoo-Besucher.den, die Tiere beobachten zu können, ist eine stete Herausforderung einer zeitgemäßen Wildtierhaltung.

4 Gehegewölfe im Nationalpark Bayerischer Wald.

5 Wildpark Langenberg, Langnau am Albis ZH. Die Wölfin hat eine Höhle in den sandigen Boden gegraben.

5

Zoos und Wildparks mit artgerechter Wolfshaltung

In Europa gibt es eine ganze Anzahl Zoos und Wildparks, in denen Wölfe in
großzügigen, artgerechten Gehegen gehalten werden. Die folgende Auflistung
empfehlenswerter Wolfsgehege erhebt keinen Anspruch auf Vollständigkeit.

Deutschland
Alternativer Bärenpark Worbis,
Worbis
www.baer.de

Nationalpark Bayerischer Wald,
Neuschönau
www.nationalpark-bayerischer-wald.de

Wildpark Schorfheide,
Groß Schönebeck
www.wildpark-schorfheide.de

Wolfcenter in Dörverden/Barme
www.wolfcenter.de

Italien
Parco Faunistico del Monte Amiata
in der Toskana
www.monteamiata.it

Österreich
Tierpark Herberstein, St. Johann
bei Herberstein
www.tierwelt-herberstein.at

Tiergarten Schönbrunn, Wien
www.zoovienna.at

Alpenzoo Innsbruck
www.alpenzoo.at

Schweiz
Natur- und Tierpark Goldau,
Goldau
www.tierpark.ch

Wildpark Bruderhaus, Winterthur
www.bruderhaus.ch

Wildpark Langenberg, Langnau
am Albis
www.stadt-zuerich.ch/wildpark

Parc à bisons au Mont d'Orzeires,
Le Pont
www.juraparc.ch

6 Es ist nicht einfach, die Bedürfnisse der Zoo-besuchenden – einen Wolf zu beobachten – und die Bedürfnisse der Tiere nach Rückzug unter einen Hut zu bringen. Dieser Wolf aus dem Nationalpark Bayerischer Wald ist wohl nur selten aus der Nähe zu sehen.

Wolfstourismus – eine Chance für den Wolf?

7 Reiten im Wolfsgebiet: Touristinnengruppe in den Karpaten.

Der Wolf als Motor einer Landschaft, indem er Touristen anzieht? Im großen Stil ist dies wohl kaum möglich oder nur in wenigen Ausnahmen, wie zum Beispiel im nordamerikanischen Yellowstone Nationalpark, wo jährlich Heerscharen von begeisterten Wolfsinteressierten anreisen, um Wölfe in freier Wildbahn beobachten zu können. Wölfe sind heute für viele Menschen gerade aus dem urbanen Umfeld Symbol für Natur, Ursprünglichkeit und Wildheit, und so kann sich eine Gegend durchaus unter dem Image des Wolfs vermarkten und damit einen nachhaltigen Tourismus propagieren, von welchem die regionale Bevölkerung profitiert.

Jana Schellenberg vom deutschen Kontaktbüro **Wolfsregion Lausitz** meint dazu: «Die Oberlausitz wurde durch die Medieninfos über die Wölfe in ganz Deutschland bekannt. Vorher wussten wohl viele gar nicht, wo die Lausitz liegt und ob sie nicht vielleicht sogar ein Teil Polens sei. Der Wolf kann der Region und ihrem Naturtourismus als Aufhänger dienen und bringt der Lausitz Publicity.»

Das Kontaktbüro Wolfsregion Lausitz hat seinen Sitz im Erlichthof Rietschen, einer Museumssiedlung, welche die traditionelle Holzbauweise der Sorben zeigt, einem kleinen westslawischen Volk, das in der Region lebt. Im Erlichthof, der eine ganze Reihe von Angeboten für Touristen bietet und auch über Unterkünfte und Verpflegungsmöglichkeiten verfügt, gibt es eine gut besuchte Ausstellung über die Lausitzer Wölfe, und fast täglich finden Exkursionen und Vorträge zu Wölfen statt, die von kleinen und größeren Gruppen gebucht werden können. Nachtwanderungen durch die Heidelandschaft der Umgebung bieten unter anderem mit etwas Glück das seltene Erlebnis, Wölfe in freier Natur heulen zu hören. Die Anfragen kommen, laut Schellenberg, aus ganz Deutschland. Zusätzlich ist ein Radwanderweg zum Thema Wolf in der Region geplant, der Teil eines attraktiven, überregionalen Radwandernetzes werden soll.

Wölfe und Bären stehen auch im Zentrum des Tourismusprojekts in **Rumänien**, welches im Rahmen des *Carpathian Large Carnivore Project* CLCP um den Wolfsforscher Christoph Promberger initiiert wurde. Die Karpaten Rumäniens waren einst eine beliebte Destination osteuropäischer Berggänger. Nachdem der eiserne Vorhang gefallen war, blieben diese Gäste aus: Man bereiste jetzt die Alpen. Dafür kommen heute – nicht zuletzt dank dem CLCP – mehr und mehr zahlungskräftige Westler, die eine Landschaft mit Bären und Wölfen erleben wollen und im Rahmen von Tourismusangeboten auch einiges über deren Leben und den Umgang mit ihnen erfahren.

8

Zwischen 1997 und 2003 verzeichnete der Raubtiertourismus jährliche Zuwachsraten um 50 bis 120 Prozent. Bis zum Ablauf des CLCP-Programms im Jahr 2003 kamen 3000 Touristen. Die Gegend hat mit den Kirchenburgen Siebenbürgens auch kulturell Einmaliges zu bieten.

Seit dem Abschluss des CLCP werden die Reisen von verschiedenen lokalen Anbietern organisiert. In Zarnesti, im Zentrum des Gebiets, gibt es heute ein breites touristisches Angebot mit Übernachtungsmöglichkeiten, Restaurants und ausgebildeten Guides. In dieser Gegend kann man auch Reitausflüge buchen und Fahrräder mieten.

Ein kleineres Wolfstourismusprojekt entstand in den letzten Jahren in **Portugal**, in der Nähe von Lissabon, im Rahmen des *Iberian Wolf Recovery Center* IWRC, es ist Teil der Arbeit der *Grupo Lobo*, eines unabhängigen Vereins, der 1985 gegründet wurde mit dem Ziel, den Bestand der Wölfe Portugals zu schützen und zu fördern. Mitbegründer und Präsident des Vereins ist der Wolfsspezialist Professor Francisco Petrucci-Fonseca von der Universität Lissabon.

Das Zentrum wurde 1989 vom britischen Journalisten und Wolfsschützer Robert Lyle gegründet und umfasst ein ganzes, dicht bewaldetes Tal von 1,7 Quadratkilometer Fläche, inmitten einer schönen portugiesischen Hügellandschaft, abseits von Straßen und Zivilisation. Ein wichtiges Ziel des Zentrums ist die Öffentlichkeitsarbeit für Wölfe, welche in der Bevölkerung Portugals einen schweren Stand haben. Das Gelände wurde von der Bernd-Thies-Stiftung erworben und an die Grupo Lobo verpachtet, welche das IWRC mit einem Team von Fachleuten und zahlreichen Volontären betreibt. In drei artgerecht eingerichteten großen Gehegen leben drei Rudel Wölfe, die von Besuchern beobachtet werden können. Es gibt ein Besucherzentrum mit einer Ausstellung und einer Bibliothek. Mitten im Gelände, mit Aussicht über das ganze Tal und in unmittelbarer Nähe der Gehege, können kleine Bungalows gemietet werden. Wer hier übernachtet, erhält die eindrückliche Gelegenheit mitzuerleben, wie die Wölfe miteinander durch ihr lang gezogenes Heulen kommunizieren.

In **Schweden** gibt es die Möglichkeit, mitten im Wolfsgebiet in der Provinz Dalarna in Mittelschweden einen mehrtägigen Wolfskurs zu buchen. Man begleitet die Wildhüter auf sogenannten Waldskiern, einer Art Langlaufskiern, auf der Spurensuche durch die ausgedehnten Wälder oder über zugefrorene Seen. Die Wildhüter sind für das Wolfsmonitoring und die Öffentlichkeitsarbeit in Konfliktsituationen zuständig. Man lernt Reviere, Spuren und Fährten von Wölfen kennen und von Luchs- oder Hundespuren zu unterscheiden. Immer wieder trifft man auf sogenannte Rendez-vous-Plätze, wo sich die Wolfsfamilien treffen oder gerade eine Paarung stattgefunden hat. Die Kadaver von Elchen oder ganz selten auch die Direktbeobachtung eines Wolfes sind die Höhepunkte der Tagesexkursionen. Abends gibt es Vorträge von Experten zum Thema Wolf.

8 Einfache, aber stimmungsvolle Unterkunft für Wolfstouristen in Mittelschweden.

9 Nirgendwo sonst auf der Welt kann man so tiefe Einblicke in das Leben wilder Wölfe gewinnen wie im Yellowstone Nationalpark in den USA.

9

Das eindrücklichste Beispiel für Wolfstourismus bietet der **Yellowstone Nationalpark** in den US-Bundesstaaten Wyoming, Montana und Idaho. Der Park wurde 1872 gegründet und war damit der erste nordamerikanische Nationalpark. Als 1926 die Parkverwaltung ihre Raubtierkontrolle beendete, lebten keine Wolfsrudel mehr im rund 9000 Quadratkilometer großen Gebiet. Die Wölfe waren in der ganzen Region ausgerottet worden und wurden erst 1995 und 1996 in einem groß angelegten Wiederansiedlungsprojekt ausgesetzt. Heute leben rund 130 Wölfe im Park und in den angrenzenden Gebieten. Sie werden im

10

11

Rahmen des *Yellowstone wolf project* intensiv wissenschaftlich erforscht. Neben den Wölfen ist das Parkgebiet Heimat einer eindrücklichen Anzahl anderer großer Säugetierarten wie Grizzlybär, Schwarzbär, Kojote, Luchs, Puma, Elch und Bison. Jährlich zählt der Nationalpark zwischen zwei und drei Millionen Besucher.

Die Wölfe von Yellowstone gehören zu den am meisten beobachteten Kaniden Nordamerikas. Elli H. Radinger, eine deutsche Wolfsspezialistin, die regelmäßig für das Wolfsprojekt im Park arbeitet, schätzt, dass bis 2002 rund 100 000 Menschen die berühmten Vierbeiner gesehen haben. Fast zwangsläufig muss es dabei auch zu Problemen kommen, nicht wegen der Wölfe, sondern wegen Besuchern, die sich nicht an die strengen Regeln der Wildtierbeobachtung halten, die im Park gelten, und zum Beispiel Wölfe füttern oder sich ihnen nähern. Einige wenige Wölfe haben deshalb ihre natürliche Scheu vor den Menschen verloren, und nach ein paar Zwischenfällen mussten einzelne Tiere sogar geschossen werden.

Eine Mehrheit der Besucher verhält sich jedoch korrekt und genießt das beeindruckende Schauspiel, Wölfe in freier Natur beobachten zu können, und dies in einer atemberaubenden Landschaft, die uns daran erinnern kann, dass Menschen einstmals als Jäger und Sammler durch die Steppen Europas und Nordamerikas zogen – und mit ihnen die Wölfe.

10–13 Eine große Attraktion im Yellowstone ist das Lamar Valley, wo regelmäßig Wölfe zu beobachten sind, die im Yellowstone River ihren Durst stillen.

12

13

Wolfstourismus, Reisen

14 Besucherpavillons im
    Iberian Wolf Recovery
    Centre in der Nähe von
    Lissabon.

Eine Auswahl an Tourismus-Angeboten und Wolfsbeobachtungsmöglichkeiten,
die keinen Anspruch auf Vollständigkeit erhebt.

Deutschland
Wolfs-Radwanderweg, Spurenexkursionen und Vorträge in der Oberlausitz
www.wolfsregion-lausitz.de

Regionale Natur- und Touristeninformation, Sitz des Kontaktbüros Wolfsregion Lausitz, Wolfsausstellung
www.erlichthofsiedlung.de

Ganztagestouren im Wolfsgebiet der Oberlausitz
www.wolfswandern.de

Rumänien
Carpathian Nature Tours, entstand in Zusammenarbeit
mit dem *Carpathian Large Carnivore Project*
http://cntours.ro

Naturerlebnis-Reisen in den rumänischen Südkarpaten Transsilvaniens
www.arcatour.ch

Portugal
Wolfsgehege mitten in einer naturnahen Landschaft
mit Übernachtungsmöglichkeiten, in der Nähe von Lissabon
GRUPO LOBO
Faculdade de Ciências de Lisboa. Bloco C23° piso.
Departamento de Biologia Animal.
1749-016 Lisboa. Portugal
Tel: 21 75 000 73, Fax: 21 75 000 28
E-Mail: globo@fc.ul.pt
http://lobo.fc.ul.pt

14

Schweden

Ausgangspunkt für die Wolfstrekkings in Mittelschweden ist Björ Stugan, eine einfache, aber stimmungsvolle Unterkunft mitten im Wolfsgebiet (www.bjorstugan.se). Diese befindet sich bei Rätvik in der Provinz Dalarna. Infos zum Gebiet gibt es über www.dalarna.se oder über www.w.lst.se Voraussetzung ist, dass man entweder Schwedisch spricht oder eine Person dabei hat, die übersetzt.

Kontaktperson ist Mats Rapp, mats.rapp@telia.com

Kroatien

Wolfstouren in Begleitung von Wissenschaftlern:

Josip Kusak and Djuro Huber, Biology Department

Veterinary Faculty Zagreb, Croatia

E-Mail: josip.kusak@zg.htnet.hr

USA

Yellowstone National Park, Wyoming, Montana, Idaho, USA

www.nps.gov/yell

Wolfstouren und Wolfsbeobachtungsreisen im Yellowstone National Park

www.wolftracker.com

www.yellowstone-wolf.de

Anhang

Weiterführende Literatur

Bernard, Daniel (1983): Wolf und Mensch (Originaltitel: L'homme et le Loup, 1982). Saarbrücker Druckerei und Verlag SDV.

Böhme, Klaus (2007): Mensch und Wolf in der Geschichte. Schweizer Jäger, Nr. 5, 6, 7. Artikel in drei Teilen.

Bloch, Günther; Bloch, Karin: Timberwolf Yukon u. Co. Elf Jahre Verhaltensbeobachtung an Wölfen in freier Wildbahn. Kynos Verlag.

Caluori, Urban (2000): Der Wolf – Wildtier oder wildes Tier? Eine Deutungsmusteranalyse in der Schweizer Bevölkerung. Schriftenreihe «Studentische Arbeiten an der IKAÖ», Universität Bern.

Hofer, Blaise (2007): Comportement alimentaire du loup *(Canis lupus)* dans les Alpes suisses: premier aperçu. Travail de master non publié, Université de Neuchâtel, Suisse.

Kalb, Roland (2007): Bär, Luchs, Wolf. Verfolgt. Ausgerottet. Zurückgekehrt. Leopold Stocker Verlag, Graz.

Landry, Jean-Marc (2001): Le loup. Editions Delachaux et Niestlé, Paris.

Lorenz, Konrad (1950): So kam der Mensch auf den Hund. Borotha-Schöler Verlag, Wien.

McNay, Mark, E. (2003): A Case History of Wolf-Human Encounters in Alaska and Canada. Alaska Department of Fish and Game, Wolves. Behavior, Ecology and Conservation. University Press, Chicago.

Mech, L. David (8th printing, 1995): The Wolf – The Ecology and Behavior of an Endangered Species. University of Minnesota Press.

Mech, L. David (2002): Der Weiße Wolf. Mit einem Wolfsrudel unterwegs in der Arktis. Bechtermünz Verlag.

Mech, L. David, Boitani, Luigi, Editors (2003): Wolves: behavior, ecology and conservation. The University of Chicago Press.

Okarma, Henryk; Langwald, Dagmar (1997): Der Wolf. Ökologie, Verhalten, Schutz. Parey Buchverlag.

Promberger, Barbara; Promberger, Christoph; Roché, Jean C. (2002): Faszination Wolf. Franckh-Kosmos Verlag, Stuttgart.

Radinger, Elii H. (2004): Wolfsangriffe. Fakt oder Fiktion? Verlag von Döllen, Wetzlar.

Reinhardt, Ilka; Kluth, Gesa (2007): Leben mit Wölfen. Leitfaden für den Umgang mit einer konfliktträchtigen Tierart in Deutschland. Bundesamt für Naturschutz, BfN-Skirpten 201.

Wotschikowsky, Ulrich (2006): Wölfe, Jagd und Wald in der Oberlausitz. Bericht im Auftrag des Staatlichen Museums für Naturkunde Oberlausitz.

Zimen, Erik (1992): Der Hund. Abstammung – Verhalten – Mensch und Hund. Goldmann Verlag.

Zimen, Erik (2003): Der Wolf. Verhalten, Ökologie und Mythos. Franckh-Kosmos Verlag, Stuttgart.

Belletristik

Evans, Nicholas (1998): Im Kreis des Wolfs. C. Bertelsmann Verlag, München. 505 Seiten. Englischer Originaltitel: The Loop. 1998, Delacorte Press, New York. Roman um die Rückkehr der Wölfe in ein Tal der Rocky Mountains.

George, Jean Craighead (2000): Julie von den Wölfen. dtv junior München (Erstausgabe 1972; Deutscher Jugendliteraturpreis 1975); Band 2 (2003), Julie. Neue Freundschaften, dtv junior München; Band 3 (2004), Julies Wolfsrudel, dtv junior München.

Grimaud, Hélène (2005): Wolfssonate. (Originaltitel: Variations sauvages). Blanvalet Verlag. Autobiografie der berühmten Pianistin, Wolfsliebhaberin.

Lindenbaum, Pija (2006): Franziska und die Wölfe. Moritz Verlag (Bilderbuch).

London, Jack: Wolfsblut, Weißzahn, der Wolfshund (Originaltitel: White Fang, 1906). Klondike, Kalifornien. Hundegeschichte.

London, Jack: Ruf der Wildnis (Originaltitel: The Call of the Wild, 1903). Klondike, Kalifornien. Hundegeschichte.

Mowat, Farley; Sulloway, Frank J. (1971): Ein Sommer mit Wölfen (Originaltitel: Never Cry Wolf, 1963), O. Rowohlt, 1991.

Kilworth, Garry: Fürst der Wölfe, (Originaltitel: Midnight's Sun. 1990). Schneekluth 1996.

Fotobände

Bloch, Günther; Dettling, Peter A. (2009): Auge in Auge mit dem Wolf. Kosmos, Stuttgart.

Brandenburg, Jim (1996): Bruder Wolf. Das vergessene Versprechen. Tecklenborg Verlag, Steinfurt.

Brandenburg, Jim (1998): «White Wolf» – Der weiße Wolf – eine arktische Legende. Tecklenborg Verlag, Steinfurt.

Dettling, Peter A. (2010): Vergessene Wildnis – Spurensuche in der Surselva. Terra Grischuna.

Mech, L. David (1992): Auf der Fährte der Wölfe. Frederking & Thaler.

Broschüren zum Herunterladen aus dem Internet:

Unterrichtsmaterialien «Der Wolf macht Schule» des Deutschen Bundesumweltministeriums: www.bmu.de/bildungsservice/bildungsmaterialien/ sek_i/ii/doc/44487.php

«Bärenstarke Schule» – Vortragsdossier, Unterrichtsmaterialen und Spiele: www.wwf.ch/de/tun/aktivwerden/bildung/schule/dossier.cfm

Broschüre «Projekt Wolf» von Euronatur: www.euronatur.org/fileadmin/docs/arten/PB-Wolf_06-07_ks.pdf

Wolfsbroschüre der Gesellschaft zum Schutz der Wölfe: www.gzsdw.de/files/Wolfsbrosch%FCre_06_2006_Stand_28%5B1%5D.6.pdf

Materialen zum Wolf des Naturschutzbundes Deutschland www.nabu.de/aktionenundprojekte/wolf/service/index.html

Studie über Wolfsattacken auf Menschen: www.nina.no/archive/nina/PppBasePdf/oppdragsmelding/2002/731.pdf

Herdenschutz – Leitfaden für Tierhalterinnen und Tierhalter: http://assets.wwf.ch/downloads/5141_10_leitfaden_herdenschutz_d.pdf

Tierfilme/CDs

Wildlife Specials 01 - Wolf/Adler. DVD ~ David Attenborough, BBC

Wer ist der Wolf? Wie anders Wölfe sind, als man denkt
2010, DVD, 50 Min., EAN 7611719463104

CD-ROM: Landry Jean-Marc (1999): Der Wolf. Für Betriebssysteme WinXX, Fr. 59.–, zu bestellen bei: Finajour software, Postfach 234, 4106 Therwil, Tel. 061/ 721 72 92, E-Mail: finajour@finajour.ch, http://www.finajour.ch

Informationen im Internet

www.bafu.admin.ch/tiere

www.ferus.org

www.isleroyalewolf.org

www.kora.ch

http://lobo.fc.ul.pt/

www.lupuslaetus.org

www.nabu.de/aktionenundprojekte/wolf/

www.wild.unizh.ch/wolf/

www.wolf-forum.ch

www.wolfmagazin.de

www.wwf.ch/de/derwwf/themen/biodiversitaet/
    arten2/artenschutz/wolf.cfm

Organisationen, die sich für Wölfe einsetzen

Carpathian Large Carnivore Project, Zarnesti.
    Rumänien
    www.clcp.ro

Deutsche Wolfsgemeinschaft e.V., Kassel,
    Deutschland
    www.wolves.de

Freundeskreis freilebender Wölfe e.V.,
    Much-Marienfeld, Deutschland
    www.lausitz-wolf.de

International Wolf Center, USA
    www.wolf.org

Kontaktbüro Wolfsregion Lausitz,
    Deutschland
    www.wolfsregion-lausitz.de

KORA, Muri bei Bern, Schweiz
        Koordinierte Forschungsprojekte zur
        Erhaltung und zum Management der
        Raubtiere in der Schweiz
        www.kora.ch

Large Carnivore Initiative for Europe
        www.lcie.org

Naturschutzbund Deutschland (NABU) e.V.
        Berlin, Deutschland
        www.nabu.de

WWF Deutschland
        www.wwf.de

WWF Österreich
        www.wwf.at

WWF Schweiz
        www.wwf.ch

Bildnachweis

Sämtliche Bilder stammen, falls unten nicht aufgeführt, von Peter A. Dettling.

Wald, Wild, Wolf: 2 Kupferstich von Martin Elias Ridinger (1730–1780), nach Johann Elias Ridinger (1698–1767), Graphische Sammlung der ETH Zürich, **3, 4** KORA (Koordinierte Forschungsprojekte zur Erhaltung und zum Management der Raubtiere in der Schweiz), **11** Foto: Markus Zeugin, zur Verfügung gestellt von Redaktion Netz Natur – Schweizer Fernsehen, **13** Foto: Daniel Hegglin, swild.ch

Rückeroberung: 2, 3 Fotos: Stefano Poliotto, zur Verfügung gestellt von Redaktion Netz Natur – Schweizer Fernsehen, **5** Foto: Paolo Molinari, **6** Karte: KORA, **8** Foto: Sandra Gloor, **9** Foto: Wildbiologisches Büro LUPUS, **10** Karte: Quelle: Reinhardt & Kluth: Leben mit Wölfen. Leitfaden für den Umgang mit einer konfliktträchtigen Tierart in Deutschland. BfN-Skripten Band 201, 2007, **11** Foto: Amt für Jagd und Fischerei Graubünden, Wildhüter Georg Sutter **12** Foto: Jean-Marc Weber

Rudel und Revier: 4, 5 Fotos: Simone Fluri, **10, 11, 12** Fotos: Sebastian Körner, **25** Grafik: Pascale Osterwalder und Georg Sutter; Kartenausschnitt reproduziert mit Bewilligung von swisstopo (BA 081057), **27** Foto: Amt für Jagd und Fischerei Graubünden, Wildhüter Georg Sutter

Schafe: 1 Foto: Jean-Marc Weber, **3** Foto: Peter Lüthi, **5, 6** Fotos: Christof Angst, **7** Foto: Peter Lüthi, **8** Foto: Jean-Marc Weber, **9** Foto: Elisabeth Mock, **10** Foto: Peter Lüthi, **11** Foto: Jean-Marc Weber, **14** Christof Angst

Vom Umgang mit Wölfen in Europa: 2 Karte: KORA, **3** Foto: Daniel Hegglin, swild.ch, **4, 5, 6, 7** Fotos: Jean-Marc-Weber, **9, 10** Fotos: Sandra Gloor, **11** Foto: Jean-Marc Weber, **12** Foto: Günther Bloch, **13, 14** Fotos: Barbara & Christoph Promberger, **15** Foto: Frank Hecker, **16** Foto: Daniel Hegglin, swild.ch

Von Menschen und Wölfen: 5 Illustration aus einer französischen Märchensammlung aus dem 19. Jahrhundert von Gustave Doré, **6** Holzschnitt aus dem Jahr 1512 von Lucas Cranach dem Älteren, **7** Illustration von Prof. A. Groß aus einer Ausgabe «Im Dschungel» (Dschungelbuch) von Rudyard Kipling, Friedrich Ernst Fehsenfeld Verlag, Freiburg i. Br. 1901, **8** Foto: Mrs. Jolanda, flickr.com, **9** Foto: Hansjakob Baumgartner, **10, 11** Fotos: Angela Kraft, kraft-foto.de

Blickwinkel: 1 Foto: Karsten Nitsch, **2, 3** Fotos: Sandra Gloor, **4** Foto: Peter Jäggi, **5** Foto: Regula & Walter Signer, **6** Foto: zur Verfügung gestellt von Peter A. Dettling, **7** Foto: BAFU (Bundesamt für Umwelt), **8** Foto: Daniel Hegglin, swild.ch

Freizeitdestination Wolf: 5 Foto: Claudia Kistler, **7** Foto: Barbara & Christoph Promberger, **8** Foto: Kurt Eichenberger, **14** Foto: Catherine Habegger

Dank

Die Autorin und die Autoren danken allen, die uns bei der Entstehung des vorliegenden Buchs unterstützt haben, das ohne sie alle nicht möglich geworden wäre. Ganz besonders danken wir Kurt Eichenberger, Projektleiter Biodiversität Alpen des WWF Schweiz, für die schöne Zusammenarbeit und sein großes Engagement für dieses Buch. Er hat das Projekt während der gesamten Entstehungszeit begleitet und ist uns immer wieder mit Rat und Tat zur Seite gestanden.

Unseren Interviewpartnerinnen und -partnern danken wir herzlich für die guten Gespräche und die Zeit, die sie uns zur Verfügung gestellt haben: Peppino Beffa, Peter A. Dettling, Kurt Eichenberger, Marco Giacometti, Riccarda Lüthi, Daniel Mettler, Ilka Reinhard, Reinhard Schnidrig.

Danken möchten wir auch allen, die für dieses Buch von ihren persönlichen Begegnungen mit Wölfen berichteten: Stephan Kaasche, Barbara Moser, Pierre-Alain Oggier, Sandra Schorderet Weber, Georg Sutter, Josi Theler, Urs Zimmermann. Claudia Kistler danken wir für ihren Text über die artgerechte Haltung von Wölfen in Zoos und Wildparks. Jana Schellenberg vom Kontaktbüro Wolfsregion Lausitz danken wir für den freundlichen Empfang in der Lausitz und die vielen Informationen zu den Wölfen in Deutschland und zu ihrer Arbeit im Kontaktbüro.

Für die Herstellung der Verbreitungskarten danken wir Manuela von Arx vom KORA (Koordinierte Forschungsprojekte zur Erhaltung und zum Management der Raubtiere in der Schweiz). Pascale Osterwalder danken wir für die Grafik über den Wolf in der Surselva, welche im Rahmen ihrer Diplomarbeit (HGKZ 2005) in Zusammenarbeit mit dem Wildhüter Georg Sutter und dem Projekt «Wolfsspur» entstanden ist.

Alexandra Barcal von der Graphischen Sammlung der ETH danken wir für ihre Unterstützung bei der Suche nach einer historischen Abbildung einer Wolfsfalle. Luise Baumgartner und Fabio Bontadina danken wir für das Gegenlesen und Kommentieren der Texte.

Herzlich danken wir allen, die uns mit Bildern unterstützt haben: Christof Angst, Günther Bloch, Simone Fluri, Catherine Habegger, Frank Hecker, Daniel Hegglin, Peter Jäggi, Mrs. Jolanda, Claudia Kistler, Sebastian Körner,

Angela Kraft, Peter Lüthi, Elisabeth Mock, Karsten Nitsch, Barbara & Christoph Promberger, Stefano Poliotto, Redaktion Netz Natur - Schweizer Fernsehen, Nathalie Rochat, Regula & Walter Signer, Franziska Stebler, Georg Sutter, Markus Zeugin. Ganz speziell danken wir Regine Balmer, Leiterin Lektorat des Haupt Verlags, und Laura Dal Ben und Christoph Settele, Pool Design, für die gute Zusammenarbeit bei der Realisation des Buchs.

Folgende Organisationen und Institutionen ermöglichten durch ihre finanzielle Unterstützung das Zustandekommen dieses Buchs, dafür sei ihnen herzlich gedankt: Zürcher Tierschutz, WWF Schweiz, Bundesamt für Umwelt BAFU, Bernd-Thies-Stiftung, Temperatio-Stiftung, Aargauischer Tierschutzverein, Tierschutzbund Zürich.

Maya Höneisen / Joanna Schoenenberger / Yannick Andrea

Der Braunbär

Die Rückkehr eines Großraubtiers

2009. 232 Seiten, über 170 farbige und 5 sw Fotos, 5 Grafiken, gebunden
CHF 43.90 (UVP) / € 29.90
ISBN 978-3-258-07463-4

Notgedrungen muss sich der Mensch in Westeuropa mit einer Annäherung an den Bären auseinandersetzen: Nach mehr als hundert Jahren Abwesenheit breitet sich der Braunbär im Alpenraum wieder aus. Wo er auftaucht, gehen die Emotionen hoch, und der Abschuss eines Problembären füllt die Frontseiten der Zeitungen. Der Braunbär ist ein Landraubtier, das polarisiert – hat es Platz für ihn in unserer dicht besiedelten Kulturlandschaft?

Dieses Buch leistet einen Beitrag zur sachlichen Diskussion über eine unausweichliche Tatsache. Die Autoren stellen den Braunbären und seine Biologie vor, informieren über die Ansprüche, die er an den Lebensraum stellt und skizzieren damit die Chancen und Probleme, die auftauchen, wenn er zurückkehrt.

Ein Blick über die Grenzen, in Länder, in denen der Braunbär nie ausgerottet war, zeigt, wo das Zusammenleben von Mensch und Bär Normalität ist. Menschen erzählen von ihren Begegnungen mit dem Braunbär und Fachleute erläutern, wie nützliche Prävention aussieht. Porträts von unbequemen und von unauffälligen Bären im Alpenraum ergänzen das Buch, denn gerade von diesen Tieren gibt es für eine Zukunft mit Bär und Mensch viel zu lernen.

Haupt **Haupt Verlag** Bern • Stuttgart • Wien
verlag@haupt.ch • www.haupt.ch